姚纪高——著

养好肠道菌
身体才健康

中国轻工业出版社

图书在版编目（CIP）数据

养好肠道菌　身体才健康 / 姚纪高著. — 北京：中国轻工业出版社，2023.9

ISBN 978-7-5184-3176-2

Ⅰ.①养… Ⅱ.①姚… Ⅲ.①肠道微生物 – 普及读物 Ⅳ.① Q939-49

中国版本图书馆 CIP 数据核字（2020）第 170146 号

责任编辑：张　靓　　责任终审：白　洁　　整体设计：锋尚设计

文字编辑：王宝瑶　　责任校对：晋　洁　　责任监印：张　可

出版发行：中国轻工业出版社（北京东长安街6号，邮编：100740）

印　　刷：艺堂印刷（天津）有限公司

经　　销：各地新华书店

版　　次：2023年9月第1版第4次印刷

开　　本：710×1000　1/16　印张：9

字　　数：150千字

书　　号：ISBN 978-7-5184-3176-2　定价：38.00元

邮购电话：010-65241695

发行电话：010-85119835　传真：85113293

网　　址：http://www.chlip.com.cn

Email：club@chlip.com.cn

如发现图书残缺请与我社邮购联系调换

231626S2C104ZYW

推荐序

肠道菌生生不息、
全身健康相维护

欧阳钟美（台湾大学医学院附设医院新竹分院营养师兼主任）

肠道菌对我们身体健康的影响，远超过预期。身体将大部分的免疫防卫军队配置在肠道，避免毒物细菌入侵。当肠道不健康时，坏菌肆虐、毒素弥漫，身体中的免疫系统努力防御，肠道菌提供养分，调控肠道细胞的发育，诱导免疫系统的发展。但是令人惊讶的是我们对它们的认识如此不足。肠道菌对人体而言，是共存一生的必要伙伴，是生命共同体。人类与肠道菌共生，人类的基因体与肠道菌的基因体共同演化。我们的生理代谢也与肠道菌互相影响。

多年以来姚老师对肠道菌的专研是有目共睹的，2016年看到他的作品就觉得自己对肠道菌的认识实在太少，有太多未知在其中，从他的作品中得到许多启发，这次更是在姚老师新书手稿中看到有关肠道菌的最新信息。以糖尿病为例，先前发现肠道菌可调节糖尿病双胍类药物所产生的药效、益生菌可有效帮助人体利用葡萄糖和加速葡萄糖代谢。新书介绍的最新研究显示肠道菌是胰腺发育的信号来源，胰岛B细胞的生长分裂受肠道菌影响；另外，在动物试验中发现，特定的肠道菌失调会导致胰岛素抗性增加。

肠道菌种类多达千种以上，尚有许多我们不清楚的菌种及它们对身体的影响，从各器官、免疫系统、能量代谢、神经和心理以及其相关疾病等方面，皆说明了肠道菌对健康的重要性。感谢姚老师不断地将最新信息分享给大家，让我们能对这复杂且多功效的肠道菌有所认识，并对身体健康与疾病的关系有了更深层次的学习。

肠道菌好坏
决定一生健康

李佩霓（台北医院营养科主任）

　　人体摄取食物后，食物的营养素须借由肠道消化、分解和吸收，才能被身体所利用，而肠道长约八米，让身体可获取营养供应，进而成长发育。因此就有人说，"肠道健康，身体就健康；肠道菌的好坏，决定一生健康"，主要是因为与人体共生的微生物（细菌），绝大部分都生活在肠道里，这些细菌对人体养分的吸收与免疫系统的调节都非常重要。

　　以营养学的观点而言，增加饮食中的膳食纤维并且减少动物性脂肪和过多蛋白质的摄入，并且维持规律的生活习惯，是维持肠道健康的不二法门。

　　在姚老师之前的著作中已经以生活化的语言告诉读者肠道菌在人体中所扮演的角色，以保健观点说明应如何区分市售益生菌和益生元等。让读者更清楚地认识肠道细菌跟人体的关联性，对于使用益生菌进行的预防保健，也有基础的认知。

　　这次姚老师更进一步探讨肠道菌跟常见慢性疾病的关联性。同样也以深入浅出的语言说明平日饮食与肠道有益菌的生长应如何去做调整。并也说明市售益生菌非万能，使用益生菌要注意哪些重点，别被某些市售产品天花乱坠的广告叙述所蒙蔽，要了解益生菌才能知道益生菌能带给人体何种益处。

　　我相信阅读此书，可以让读者更清楚地认识肠道菌，了解如何选择优质的市售产品，获取正确的健康知识，也能够守护自己的健康。

异麦芽寡糖
改善肠道菌相

———
洪若朴（台北市立联合医院忠孝院区前营养科主任）

随着经济的发展、生活水平提高、精致饮食的摄取与饮食形态的西化，国人膳食纤维普遍摄取不足。有鉴于此，应鼓励民众尽量选用高纤维的食物，亦有"胃肠道功能改善评估方法"，又于公告的"市售包装食品营养宣称规范"中将膳食纤维列为可补充摄取之营养素，显示出膳食纤维对于维持健康的确有其重要性。

依据2013—2016年台湾地区民众营养健康状况变化调查结果，台湾地区19～64岁成人每日平均乳制品摄取不足1.5杯者高达99.8%，坚果种子不足一份者为91%，蔬菜摄取量不足三份者为86%，水果摄取量不足两份者亦为86%。显示台湾地区民众在摄取六大类食物时有极高的比例未达到均衡饮食。

饮食不均衡可能导致营养不良，包括营养素缺乏、过多或不均衡而导致体重过轻、过重、肥胖、慢性病等健康问题。据世界卫生组织（WHO）估计，全球约14%的胃肠道癌症死亡，11%的缺血性心脏病死亡及9%的中风死亡与水果及蔬菜摄取不足有关，而摄取足量的蔬菜及水果，可以预防如癌症、心脏疾病、糖尿病和肥胖症等慢性疾病。

人类肠道中约有一亿个细菌，其中有四百种以上为肠道有益菌及有害菌，主要分布于两个区域：一个区域位于空肠及回肠部位，每毫升菌落总数为$10^4 \sim 10^7$个，包括链球菌、梭杆菌、双歧杆菌、乳酸杆菌等菌属；另一区域位于大肠，每毫升菌落总数为$10^9 \sim 10^{11}$个，所含菌属较广。

健康人的肠道中有益菌约占总菌量的85%。有益菌中，以双歧杆菌属最具代表性，其次为乳杆菌属。在正常环境下，人体肠道内菌群的好菌、坏菌都会维持一个平衡关系，但人们在日常生活中会因偏食、饮食过量、饮酒过量、吃药、打抗生素、气候、疲倦、年龄、疾病、压力、感染等因素而破坏肠内菌相的平衡。

有益菌在肠道中的功能有：（1）合成人体所需B族维生素、维生素K等。（2）缓解食物不耐症及过敏症状。（3）促进肠道蠕动，预防与治疗便秘。（4）在肠道黏膜上形成屏障，预防病原菌的定植。（5）维持肠道的pH，抑制已定植有害菌的过度增生。（6）强化肠道淋巴系统的免疫能力及提升人体的免疫功能。

所以，要维持人体的肠道健康，就必须让肠道内的双歧杆菌（*Bifidobacterium*）和嗜酸乳杆菌（*Lactobacterium acidophilus*）等有益菌具有生长的优势，以提升人体的免疫力，进而抵御病原菌的入侵。所以，补充益生菌（Probiotics）似乎很有道理，但是益生菌通过胃酸及胆汁等消化液的考验后，真正可以顺利到达大肠的所剩无几。益生菌若要在肠道中繁殖，除了要战胜已先定植的有害菌外，还要有足够维生的营养素，所以，单独补充的益生菌可能没有机会存活或大量繁殖。

如何增加肠道有益菌的繁殖呢？益生元（Prebiotics）是可以刺激肠道里的好菌生长的食物，通常是指不能消化的食物原料（膳食纤维、寡糖），几乎会百分百通过上消化道，一直到消化道后段才会被选择性发酵，可选择性刺激肠道内一种或数种有益菌的生长及活性，进而对宿主产生有利的功效，改善宿主健康。这类物质就如我们常听到的菊糖、异麦芽寡糖或果寡糖等。

益生元能够被有益菌利用产生有机酸，刺激肠道蠕动，并且能促进有益菌生长、抑制坏菌数量，使肠道更健康。多吃各类天然植物性食品，例如全谷类、豆类、海藻类、地下根茎类、新鲜蔬果等食物，既可增加膳食纤维摄取，又可获得益生元。

近年来各种改善肠道功能的食品逐渐受到消费者的重视，其中关于膳食纤维的生理作用已有许多研究报告证实：膳食纤维可促进胃肠道排空，与胆酸结合、降胆固醇……其中异麦芽寡糖（一种水溶性膳食纤维）广泛地存在于多种蔬果（例如香蕉、番茄、洋葱）中，长期食用，能影响肠道菌相生长，进而改善肠道功能。

异麦芽寡糖可以使有益菌增生，有害菌却无法利用它。数年前，曾在临床试验中证实，添加异麦芽寡糖对于慢性卧床的呼吸器依赖者的肠道功能及菌相之影响。试验对象为20位45岁以上使用鼻胃灌食者，随机将他们分为两组，先给予调整灌食配方一星期后，进行交叉试验。一组灌食配方添加10克异麦芽寡糖，另一组则不添加，时间持续四周。接着排空期两周，两组对调，时间持续四周，分别连续七周抽样血液、粪便并记录肠胃功能特性，检测血液中血红素、清蛋白等分析，粪便则分析其重量、含水量、乳酸杆菌数及双歧杆菌数。结果显示，添加异麦芽寡糖第四、第十周时血红素、清蛋白和粪便之重量、含水量、乳酸杆菌数及双歧杆菌数都显著增加（$p < 0.05$）；粪便产气荚膜梭菌数显著减少（$p < 0.05$）。因此，常规介入异麦芽寡糖的添加可以改善人类的肠道菌相，即增加肠道有益菌——双歧杆菌与乳酸杆菌——并减少产气荚膜梭菌，有助于排便。

现代医学的高阶
——微生态学

张发金（原中华微生态学会理事长、善钰生医实业有限公司董事长）

　　18世纪大量机器的发明，改变了人类的生活方式，也影响了人类医学的思维。因此工业革命被普遍认为是传统医学与现代医学的分界点。

　　现代医学的发展，又大致区分为以下三个阶段。

　　初阶：机械医学（治疗医学）——已病治病。

　　　　　把人视为机器，机器坏了要修理，人生病了才要治疗。

　　中阶：生物医学（预防医学）——未病防病。

　　　　　人是有机体生物，疾病是可以预防、自愈的。

　　高阶：生态医学（保健医学）——无病保健。

　　　　　人体健康与生态环境息息相关。

　　生态医学分为宏观生态医学与微观生态医学。

　　宏观生态医学：以研究"人体以上，地球以下"，宏生态环境对人体健康的影响为领域。

　　微观生态医学：以研究"细胞以上，身体以下"，微生态环境对人体健康的影响为范畴。

　　微（观）生态（医）学（Microecology）是研究微生物群与宿主相互关系的学科，堪称是现代医学的高级阶段。人体微生态学的研究发现：

　　（1）人体肠道内存有约一亿个微生物，彼此共生又相互拮抗并与人体约6000万个细胞相互交换能量、进行物质转化、信息传递。

　　（2）肠道菌群参与人体消化吸收、营养免疫，直接影响人体内分泌、自主神经、新陈代谢等生理作用。

（3）临床研究证实：若能增生肠道原生有益菌，平衡肠道菌生态，便能调节人体生理机能，预防改善各种慢性病和癌症。

（4）增生肠道原生有益菌的微生态制剂共计有：益生菌（Probiotics）、益生元（Prebiotics）、合生元（Synbiotic）三个进阶等级，都要求具有平衡肠道菌生态的保健功能。

（5）肠道菌生态平衡疗法将可能成为现代医学的主流。

挚友姚兄纪高教授，与我结识三十余年，从一位历史学者，到任职协泰国际股份有限公司顾问、善玉生技执行长，进而跨入微生态学的研究领域。并游走两岸，从事公共营养讲学多年，嘉惠两岸青年学子、营养师数以万计。

纪高教授著有数篇大作，及专业学术性期刊论文多篇，可谓集学术研究与教学经验于一身。

记得十数年前，我曾于风雪中亲访纪高教授于重庆的方丈书斋，亲睹其典籍研究之浩瀚，字句推敲之用心，著作等身之费神，并闻多时午夜梦回之深思……

现值纪高教授新著行将付梓，我何其荣幸得以先睹为快。本书是一本立论精辟的大作，更是一本深入浅出、适宜大众阅读的微生态学肠道菌医学新知。深信大作将丰富读者的肠道菌医学知识，充实"总体间健康医学"认知，提振身心健康水准。

肠道养好菌，
身体更健康

    我是过了"五十知天命"之年，因双歧杆菌增殖因子——寡糖，而与肠道细菌结缘的。迄今二十余年间，自己从没想到会因此出了几本相关的科普书。其实，年轻时候的梦想就是有那么一天能写本像梭罗的《湖滨散记》那样的散文集，然而世事总难预料，有时人生的道路是由不得你选择的。

    当下"肠道细菌"乃是最热门的生物学研究领域，甚至吸引了不少跨学科的科学家们相继投入，这种现象在以前从未见过。20世纪在国际著名的学术期刊里，是很难看到有关肠道细菌的论文的，更遑论将"它们"作为封面故事了；唯根据统计，近十年来全球相关的研究报告，是以每年30%的速度在疾速成长，其火红之程度可见一斑！

    20世纪80年代以来，随着细菌鉴定手段的逐渐精进，从过去温和的平板和试管培养基，发展到快速地鉴别许多无法培育的细菌，更进而发现了它们的功能与特殊性质。迄今大量的文献已经表明：无论是精神疾病抑或是生理疾病，均可通过肠道细菌来治疗——至少能缓解症状，改善病情。

    由于宿主和肠道细菌自然演化的相互依存关系，一个人健康与否跟肠道细菌有所牵连是毋庸置疑的。不过即便科学家们在肠道细菌和疾病的研究上已取得累累硕果，对个中机制仍然有许多不明白之处。这是因为大部分的研究都仅伫留在肠道细菌与疾病的相关性上，亦即只基于健康个体和生病个体肠道菌群差异的观察，而鲜有再进一步去探索两者之间的因果关系。我辈须知唯有明确找出因果关系，才可开发出更加有效的治病方法。显然努力揭晓个中机制将会是今后科研人员关注的焦点。

本书是根据我这两年来发表在互联网上的随笔整理而成的，如今结集付梓，依旧是期望更多的人能增长有关肠道细菌的见闻，借以修正自己的健康观念。新作荣膺台湾大学医学院附设医院新竹分院营养科欧阳钟美主任、台北市立联合医院忠孝院区前营养科洪若朴主任、台北医院营养科李佩霓主任抬爱，拨冗惠赐宏文推荐，增光敝作，兹谨致上由衷谢忱！由于同侪好友邦立生技有限公司黄立邦兄的满腔热枕，情谊相挺，方能成就此番殊胜机缘，同样永志腑中。

在此，我特别要感激善钰生医实业有限公司董事长张发金先生多年来不吝支持和鼓励，否则这条跨界转行的颠簸之路，我是不可能跌跌撞撞走到现在的。唯今拜读张先生卓文，对我多有溢美，实在是愧不敢当也。

目录

1

肠道细菌的常识

益生菌

人非完人，
孰能没有微生物？

　　古人会用"完人"来形容立德、立言和立功的人，不过当时他们还没有微生物的概念，否则就会知道一个完全的人，还是有其更根本的定义的。人像是一个会走动的实验室培养皿，体内有许许多多的微生物，因此离开了微生物，就谈不上是个"完人"——完全的人了。哈佛大学权威的基因组学者布鲁斯·伯伦（Bruce Birren）就说过："我们不是个体，而是一群生物的集合体。"

• 43％的人类

　　众所周知，细胞构成生命之体。但诚如美国加利福尼亚大学圣地亚哥（San Diego）分校的罗伯·奈特（Rob Knight）所说："若将所有细胞都计算在内，你充其量只是43％的人类。"身体这部精密复杂的机器，光靠细胞，是无法得心应手地运转的。

　　科学家如今已经探明，人类的基因只有21000多个，比渺小的水蚤（俗称鱼虫）的基因数（31000个）还要少。那么我们凭什么如经典《尚书》所说的，"惟人万物之灵"呢？

　　因为人体上的微生物群系（Microbiome），包括：细菌、真菌、古菌（Archaea）和病毒等，大概有高达四百四十万个基因，机体生理的诸多运作是委由它们来出力推动的，譬如说，制造用来消化食物的酶类就是其功之一。也因此，人类完全不需要费时耗力地演化出太多的基因。

• 举足轻重的微生物

过去，科学家认为只要打开人类的生命密码——脱氧核糖核酸（DNA）——就能顺利诊断和防治疾病。然而当预算高达二十七亿美元的人类基因组计划于2000年完成之后，不消几年时间，他们感到的失望远大于期望！为什么呢？因为我们都忽略了身体上更为庞大的微生物群基因组。必须知道，控制健康状况的钥匙并非只掌管在人类第一基因组中，第二基因组——微生物群系也大权在握！

这十几年来，拜分子生物学技术进步之赐，肠道细菌的研究蔚为风潮，加上媒体时有报道，大众总算认清了微生物在人类身心的各方面，包括发育、消化、免疫、精神、营养……都扮演着举足轻重的角色。概而言之，人体的每一种生理作用，都免不了有微生物参与其中。

• 肠道细菌决定你有多健康

也因为大部分的微生物都聚集在弯弯曲曲的肠道里，所以正如英国伦敦帝国理工学院著名的代谢组学专家杰洛米·尼克森（Jeremy K. Nicholson）说的："几乎每一种疾病都和肠道细菌有关。"

英国剑桥大学桑格学院（Sanger）的崔佛·洛里（Trevor D. Lawley）实验室，就分别培养健康者与患病者的肠道微生物群并展开研究调查。他认为，生病的人体内或许就是缺失了某些健康者拥有的细菌，若能将这些细菌重新补回来，应该有助于治疗疾病。

我认为在本质上，洛里的思维与实践多年的粪便移植疗法看似差异不大，这位多年来专注于艰难梭菌（*Clostridium difficile*）的学者，其研究成果肯定值得期待。

细菌的好与坏

多年来，我始终不认同把和我们人类"生死与共"的身上细菌，简单分成有益菌、有害菌和中间菌三类，因为细菌对其宿主的好或坏并非绝对，而是有条件的，也就是说要看它们是处在什么状况下来论定。这种三分法只是讲解复杂肠道细菌的"方便法门"而已。毕竟，大自然是不会分好与坏的，只有平衡或失衡的问题，不是吗？

• 微生物的刻板印象

2018年1月份的《细胞宿主与微生物》（*Cell Host & Microbe*）期刊有篇来自加拿大不列颠哥伦比亚大学（University of British Columbia），题名为《好菌，坏菌：突破微生物的刻板印象》的文章，就值得向大家分享一下。

该文论述涵盖了细菌、病毒和蠕虫，一开头即说：我们扩大对微生物机能的认知，正是在挑战"好"与"坏"微生物的定义。在细菌部分，文中指出大肠杆菌就是一个典型的例子，它虽是肠道正常菌群的成员，但因菌株（Strain）不同，大肠杆菌可以是要命的致病菌，也可以是救命的益生菌。其实这类像双刃剑的细菌众多，譬如本书将会提到的粪肠球菌或脆弱拟杆菌，同样都得看菌株来辨别是好菌抑或坏菌。

在该文举例的细菌中，大家熟悉的还有会使人患上胃疾的幽门螺旋杆菌。幽门螺旋杆菌良善的一面，不光是文中所说、有益于婴幼儿免疫系统的正常发展，其对宿主的诸多好处尚包括了调节胃酸分泌、控管食欲等。

• 减肥细菌

不过我认为，这种好菌、坏菌难一刀切的现象，最吸睛的例子也许是阿克曼氏菌了（这种在2004年发现的细菌，后文会再提及）。它在肠内的丰度高低，与多种代谢紊乱疾病密切相关，素有"减肥细菌"之称，一直是科学家们热衷的研究对象。

自2015年以来，有多项有关帕金森病患者肠道细菌的研究都表明，病人肠内阿克曼氏菌丰度显著增加，似乎成为这种病最一致的特征；另外还有几项研究揭示，在多发性硬化症和阿尔茨海默病患者的肠内，该菌丰度相较于对照组，也都是增高的。在神经疾病领域中，阿克曼氏菌为何数量变多了反而有害？个中机制尚待进一步探明。

这篇文章的结论讲到，对微生物好坏的判断，不是非此即彼的二分法，主要需取决于微生物自身和不同宿主的因素，应该是在不同背景下，而有不同的结论。

对于肠道细菌的功与过，或说好与坏，因我喜欢用微生态学的易性、易主、易位和易量观点来解释，与该文作者思维似有不谋而合，读后不免感到"吾道不孤"。

天生土养，
人体重要的土基微生物

想必很多人没听过"土基微生物（Soil-based organism）"这个词儿吧！顾名思义，指的就是生长在土壤中的微生物，传统上泛称为腐生菌（Saprophytic bacteria）。

研究指出，土基微生物能保护植物免于营养不良和感染疾患，帮助一草一木欣欣向荣、苗壮成长。想到我们人体确实也需要土基微生物来维护身体的健康（当今相关的科学文献报告已不下八百篇），西方宗教相信人类是由泥土做成的，似乎也不无道理。

• 益生菌，修复肠道活力

在众多土基微生物中，最具代表性的就是芽孢杆菌（*Bacillus*）了。它们都有耐酸碱及耐高温的特性，产生拮抗病原菌的多肽类物质，有益于肠道的修复。其中尤以蜡样芽孢杆菌（*B. cereus*）、枯草芽孢杆菌（*B. subtilis*）和凝结芽孢杆菌（*B. coagulans*）的研究较多，市面上也早就出现这类益生菌的产品。

大连医科大学开发的"促菌生"就是一款蜡样芽孢杆菌制剂。这种细菌会大大消耗肠道氧气，促进厌氧的双歧杆菌增殖，堪称活的双歧因子，能有效改善腹泻或肠炎等症状。

• "下田"有益健康

我们必须知道，一个人的健康，相当程度上取决于肠道细菌的多样性，而今天慢性疾病的猖獗，即与肠道细菌多样性的降低密切相关！尤其是现代的都市人很少有机会接触、亲近土壤，不易再"邂逅"到土基微生物，从而增强肠道细菌的丰度了。

在广东揭阳乡下，我老家的两位姐夫都近九十高龄了，每天还是照常拿着锄头下田耕作，身体硬朗无恙。推想他们之所以健康长寿，或许是与能脚踏实"地"、与土基微生物亲密接触大有关联吧！

 加油站

芬兰赫尔辛基大学在《过敏与临床免疫学期刊》（*Journal of Allergy and Clinical Immunology*）发表的一篇研究，再次证明经常暴露于土壤及其微生物中，确实能保护人们、减少过敏的威胁。

研究团队比较了在土壤环境和洁净床上活动的老鼠，结果证明双方的粪便菌群组成有显著不同，前者拟杆菌门（Bacteroidetes）的比例高，后者则是厚壁菌门（Firmicutes）的比例高。

他们发现，接触土壤的老鼠能上调抗炎的细胞因子——白细胞介素-10（IL-10）等，表现出高水平的抗炎信号、支援免疫耐受，从而缓解过敏性哮喘。

▌失落的细菌

生态学告诉我们，在生态体系当中，多样性非常重要，失去多样性会使生态系统生病。所以肠道细菌物种的多样性，能够保护宿主的健康、使其免于疾病侵害。

然而如今全球的生物多样性都在降低，这也包括了人类身上的微生物群系。有研究指出，如今与我们共生的肠道细菌伙伴，已减少了将近四分之一，有的甚至高达百分之五十！我们必须了解的是：现代文明病与肠道细菌种类的丢失有密切关联。

• 慢性疾病是因为 "菌" 不见了

美国纽约大学的马丁·布雷瑟（Martin J. Blaser）是国际著名的微生物学家，这位长期研究幽门螺旋杆菌的学者兼医师，经常在全美各地演说 "消失的微生物（*Missing Microbes*）"。2017年，他在英国《自然免疫学综述》（*Nature Reviews Immunology*）上发表的文章即讲到，近年来，人类的慢性疾病诸如：过敏、支气管哮喘、肥胖症、糖尿病和炎症性肠病等之所以越来越普遍，很可能都是因为现代的生活方式，减少了我们肠道微生物的多样性。

这位权威的专家简要列举了几项肠道共生细菌失落的原因，包括：剖腹生产、食用配方乳、干净的饮用水以及使用抗生素等。他说，鼓励剖腹产和产前服用抗生素，会令婴儿无法垂直地从母体获得肠道细菌；而由于卫生改善，干净的饮用水也导致细菌传播减弱，例如加了氯的自来水，不但会杀死肠道细菌，还会促使耐药性的细菌增加；配方乳中则因缺乏寡糖等由母乳供养婴儿肠道有益菌的物质，故不利于保护生命早期的肠道细菌。

• 救救微生物，就从饮食做起

如今，面对肠道固有菌种数目的缩减，防治之道还是得先从改善日常饮食做起：多吃富含膳食纤维的蔬果就是正确的选择。而布雷瑟医师在文章中提及的、借由益生元和益生菌，有目标地实施干预，更是一种很有必要的可行方案！马丁·布雷瑟于2014年出版的科普著作 *MISSING MICROBES*，值得细读。

 加油站

布雷瑟医师的妻子玛丽亚·多明戈兹–贝罗（Maria G. Dominguez-Bello），曾透过采集皮肤、口腔和粪便样本，分析比较了当年美国民众、委内瑞拉与世隔绝的原始部落的亚诺玛米人（Yanomami）、有限接触西方文明的瓜希伯人（Guahibo）和非洲马拉维共和国的农村的土著的肠道细菌，结果显示：亚诺玛米人的肠道菌群存在高度的多样性，乃是当代美国人的两倍，而比起另外两个族群也高出30%～40%。这说明了即便只是低度接触现代生活方式，也会导致肠道细菌多样性的大幅下降。

现任教于美国新泽西州立罗格斯大学（Rutgers）的贝罗等人，在《科学》杂志上提出了一项关于微生物的"诺亚方舟"计划，呼吁全球建立一个"种子库"，以保存远离现代文明的人群的肠道特有的细菌，方便在它们消失前加以研究。

抗生素疗程

虽然美国《内科医师手册》(*The Physician's Desk Reference*)里有则提醒医师的话："延长使用抗生素可能会导致失去感受性的微生物过度生长。"但是一般医师好像都视若无睹。他们有个根深蒂固的观念,认为尽管症状消失了,也要走完服用抗生素的一定疗程,否则体内药物浓度不足,残存的病原菌就容易产生耐药性。

•抗生素:吞进肚子里的手榴弹

前述思维的源头,应是抗生素发现者亚历山大·弗莱明(Alexander Fleming)。他在1945年的诺贝尔奖颁奖典礼上曾说:"不知如何用药的人,很可能在使用抗生素时,因剂量不足以完全消灭体内的目标细菌,而使它们对抗生素产生耐受。"

但我们不知道的是,抗生素就好比是颗吞进肚子里、不长眼的手榴弹,全面性地破坏肠道的微生态——就算你歼灭了特定的细菌,也难保其他无辜细菌不会出现耐药性。所以微生态学者并不认同抗生素需要固定疗程的观点,主张病情转好就可停药,并建议随即补充微生态制剂。更何况在这几十年来,又有多少科学证据表明,完成一个抗生素疗程,确实对病患的疗效有帮助呢?

• 焦土之后的反扑

2017年7月，牛津大学由传染病学家提姆·培多（Tim E. Peto）率领的团队，在《英国医学期刊》（*The BMJ*）上发表了一篇题名为《抗生素疗程已不再受欢迎》（*The antibiotic course has had its day*）的报告，即指出当症状消退后仍继续服用抗生素，反而更有可能让细菌产生耐药性，因为服用的时间越长，接触抗生素的肠道细菌就越多！

其实早在2008年，美国布朗大学教授、亦为传染病学家的路易斯·莱斯（Louis B. Rice）就曾提出同样的主张了。

微生态学的疾病观，与正统主流医学南辕北辙——双方对抗生素疗程长短的见解相左，就是典型的例子之一。不过往往假以时日，就好比提姆团队的这篇研究的出现，研究人员总能证明微生态学家的观点是对的。

 加油站

2015年，荷兰阿姆斯特丹大学医学中心，曾找来66名健康的志愿者，将他们随机分为五组，分别给予服用一个疗程的环丙沙星、克林霉素、阿莫西林、四环素以及安慰剂，并随后研究了各组刚吃完抗生素，与服用后第一、第二、第四、第十二个月时的粪便和唾液样本。

结果显示：服用抗生素的受试者，除了肠道不同的细菌都出现不等的耐药性情况外，肠道细菌的种类和分布也都会受到程度不一的影响，对菌群的干扰最长甚至持续一年！

▍解连蛋白（Zonulin）

　　多年来，我授课时都会花上半天时间来讲解肠漏症，在过去几本拙作里，也一定写有相关文章，因为肠道若是变得通透（肠膜缝隙变大），将会严重伤害到机体、引起很难治疗的疾病。

　　如今肠道渗漏对健康的深远影响，已日益受到主流医学的重视，光是在2015年全年，国际上就有逾一千两百篇有关肠漏症的论文发表。

• 身体组织的守门员

　　肠道屏障破坏，原因不一而足，主要包括不当饮食、过量药物、长期压力、营养缺乏、医疗行为，以及由这些因素导致的肠道菌群失调等。我们已经知道，其中最关键的即为菌群失调！而这与体内一种名为"解连蛋白（Zonulin）"的小分子有直接关联，它堪称是肠漏症的一个具代表性的标记。

　　解连蛋白是2000年由美国马里兰大学的阿雷希欧·法沙诺（Alessio Fasano）等人所发现的。这种蛋白质会传递信号，控管肠道上皮细胞紧密结合处的开启或关闭。就像法沙诺所说的："解连蛋白的工作就好比是交通指挥，或是身体组织的守门员。"

• 肠漏症的形成

法沙诺的研究团队观察到，小肠在应对任何感染时，都会大量分泌解连蛋白——肠壁门户因此洞开。由此可见，直接导致肠道通透性增加或改变的，似乎并非肠道细菌，而是解连蛋白在扮演"临门一脚"的角色！

肠道屏障是有选择性的，一方面是开放，使得养分能进入体内；另一方面是封闭，保卫身体不受到任何伤害。

解连蛋白既然是这个开关机制的调节者，那么，你我只要能远离刺激解连蛋白的内外环境因子（譬如上述的肠漏缘由）、避免使它功能紊乱，自然可以降低罹患肠漏症的风险了！

 加油站

解连蛋白反应乃是人体防御机制不可或缺的一环。目前已经确认，肠道的细菌和小麦里的麸质，均会启动小肠释放出解连蛋白。

所以我们在日常生活中，要尽量减少摄取含麸质蛋白的食物，并远离含有抗生素类的清洁用品，因为肠道接触到麸质或抗生素，肠道细菌都会发生变化，导致菌群失调、小肠细菌过度增长，从而刺激分泌解连蛋白，使得肠道门户大开——进而影响人体防御机制！

前列腺素

1982年的诺贝尔生理与医学奖，颁给了瑞典研究前列腺素的苏恩·伯格斯卓姆（Sune K. Bergstrom）等三位学者，自此之后，前列腺素才逐渐为世人所关注。

前列腺素和前列腺没有太多关系，我们的心、脑、肺、肾、肠胃以及睾丸或卵巢等器官组织都能制造，依据结构可分为许多不同的类型。它们是一类有生物活性的脂质（Lipid），由多元不饱和脂肪酸产生，功能很像维生素和激素。由于在身体的生理调控中几乎都能见到其踪影，前列腺素类药物的临床应用范围非常广泛。

• 保护并修复黏膜组织损伤

2016年的《科学》（*Science*）期刊上，有篇来自英国爱丁堡大学医学研究委员会炎症研究中心的报告，揭示了前列腺素维护肠道屏障的分子机制。

研究人员们发现，前列腺素会启动体内先天的淋巴细胞分泌白细胞介素-22（IL-22），保护并修复黏膜组织损伤，维持肠道屏障的正常功能，进而阻止肠道细菌进入血液导致全身性的发炎。如果前列腺素无法发挥作用，那么肠道就会出现渗漏现象，危及全身健康。

由于肠道渗漏系属细胞层面的变化，感觉不出，常被忽视，故多年以来"肠漏症"都是我讲课的重点。必须知道，当肠道通透性增加（即肠膜缝隙变大），肠道的细菌溜进血液后，好菌都会变成坏菌，轻则出现菌血症，重则导致致命的败血症！

• 非固醇类消炎止痛药的影响

不过，若要确保肠道屏障固若金汤、万无一失，靠前列腺素独挑大梁是不够的，还得要肠道正常菌群的配合才行。若菌群失调，防线仍会失守，因为肠道菌群的失调才是肠漏症的始作俑者！

英国爱丁堡大学这篇论文还特别提到非固醇类消炎止痛药，诸如阿司匹林和布洛芬等，会干扰并抑制前列腺素的生理活性，从而降低其保护黏膜组织的功能。我在教学时也一定不忘提醒学员这点——这也是服用太多阿司匹林等药品会造成肠胃内出血的原因！

噩梦细菌

相信很多人都听过"超级细菌"吧！那是指某些会让许多抗生素失灵的细菌。2017年2月，世界卫生组织（WHO）就曾公布十二类对世人健康构成最大威胁的耐药细菌。

•越来越顽强的细菌

大家必须了解的是：抗生素的适用范围越广，细菌的抗药性也就越强。如今，因为在人类和禽畜身上滥用抗生素，已导致细菌的耐药性越来越强，甚至具有多重耐药性，我们对疾病的治疗手段正在快速耗尽，如今这已是全球最严重的公共卫生问题之一了。

由于医院与住宅界线日趋模糊，如今多重耐药的细菌都能在医院和社区里找到；尤其值得注意的是，有一类以往只会存在住院病人身上的耐药细菌，现在也转向社区传播了，那就是耐碳青霉烯类肠杆菌科细菌（Carbapenem-resistant enterobacteriaceae，CRE），它至少包括七十个种类。

碳青霉烯类抗生素（如亚胺培南、美罗培南等）抗菌谱非常广，抗菌活性强大，乃是治疗严重细菌感染的主要药物。但在这十数年来，肠道中属于肠杆菌科成员的菌种，对它的耐药性却益发强大，进而演变为超级细菌——在美国又称"噩梦细菌（Nightmare bacteria）"。临床显示，它们能产生超广谱的β-内酰胺酶——对几乎所有抗生素都具抗药性，一旦遭到感染，可是非常要命：致死率高达50%！

• 拦阻不住的厉害细菌

美国疾病控制和预防中心的报告揭露，光是2017年，全美就发现了逾两百例新型或罕见地对抗生素具耐药性的"噩梦细菌"基因——散布于二十七个州！

这类"噩梦细菌"原本只会在医院中肆虐，但根据报道，美国科罗拉多州竟有六人在院外不幸感染，而调查指出，他们已有一年不曾住过院，也没有接受过任何侵入性医疗行为。这也就意味着，这些超级细菌已开始从医院转移到社区当中，你我岂能不当心！

加油站

十二类最危险的超级细菌（按需要抗生素的程度分类）

"最"优先需要：
鲍曼不动杆菌，对碳青霉烯类抗生素有耐药性；
绿脓假单胞菌，对碳青霉烯类抗生素有耐药性；
肠杆菌科，对碳青霉烯类抗生素有耐药性，能产生超广谱β-内酰胺酶。

"高度"优先需要：
屎肠球菌，对万古霉素有耐药性；
金黄色葡萄球菌，对甲氧西林有耐药性、对万古霉素有中度耐药性；
幽门螺旋杆菌，对克拉霉素有耐药性；
弯曲菌属，对氟喹诺酮类抗生素有耐药性；
沙门氏菌，对氟喹诺酮类抗生素有耐药性；
淋病奈瑟菌，对头孢菌素有耐药性、对氟喹诺酮类抗生素有耐药性。

"中度"优先需要：
肺炎链球菌，对青霉素不敏感；
流感嗜血杆菌，对氨苄西林有耐药性；
志贺氏菌属，对氟喹诺酮类抗生素有耐药性。

静脉输液

1931年，美国生产出全球第一瓶商品注射剂——5%葡萄糖注射剂——自此以后，"打点滴"便广泛应用于临床医学上。

"液"到病除?

世界卫生组织倡导的用药原则是，"能吃药就不打针，能打针就不输液"。然而海峡两岸的华人，无论大小病症，似乎都对"输液"情有独钟，俨然将其当成万能的救命稻草，认为可以"液"到病除。官方的资料即曾披露：中国在2009年，全民用掉了104亿瓶（袋）的注射剂。以13亿人口计算，平均每人一年要用掉8瓶（袋）！而到了2014年，注射剂生产量已高达136.92亿瓶（袋）！

人们对静脉输液的错误认知，以及其所造成的就医习惯，有识之士早就跳出来振臂疾呼、谆谆告诫了。没错，这种疗法是现代医学的重要手段，在挽救病人生命方面有着不可替代的重要性；然而因为属于侵入性医疗行为，原本仅施用在急救、重症和无法进食的患者身上，故而无谓的"输液"只会带来诸多安全的隐患。

• 不是零风险

医疗专家提醒大众的"输液"风险，最主要就是下列几项：

（1）不溶性微粒　注射剂绝无零微粒的，其中微粒会堆积在体内，阻塞血管、诱发静脉炎和肉芽肿（由巨噬细胞吞掉微粒变大形成），伤害组织器官。

（2）内毒素　"输液"引起的发热反应，主要来自细菌释出的内毒素。输液虽号称无菌，事实上还是有死菌存在，所以想要避免这一类毒素很难。

（3）药物　非经口服就直闯血液的用药，容易增加严重不良反应，尤其微粒和内毒素越多，发生概率就越高，甚至出现致命的过敏性休克！

（4）免疫力　进入身体内部的物质，若没经过胃肠的流程，负责把关的免疫细胞将会缺乏操练、战斗力变弱，久之必导致免疫力下降。

• 越输液对肠道越不好

不过我们认为，对经常挂吊瓶的病患来说，还有一项被忽略的重大危害，那就是："输液"会损伤肠壁黏膜层，引起肠道的渗漏！这是我过去在讲课时都会告知学生的。

主流医学一向不重视肠漏症，其实肠道通透性的改变，与全身上下的健康息息相关；如果肠道屏障受损，就会因容易产生炎症而患上许多疾病，特别是些难解的慢性病——使用静脉输液岂能不更谨慎！

母乳中的细菌

母乳是婴儿健康成长的圣品，若说里面带有好几百个属种的细菌，在几年前大概不会有人相信，而开启这方面研究先河的就是西班牙学者。

2013年，马德里康普顿斯大学（Universidad Complutense）在《药理学研究》（*Pharmacological Research*）月刊上，首度以一篇论文表明，母乳（包括初乳和常乳）里含有七百多个属种的细菌；2017年，中国科学院的英文期刊《科学通报》（*Science Bulletin*），也刊登了篇母乳的研究，指出其中有六百多个属种的细菌。

• 双重保护作用

事实上，乳腺导管里原本就有正常菌群，母乳中带有多样细菌实不足为奇，乳腺炎的起因也大多与这部位的菌群失调有关。

不过乳腺炎的疾病也意味着，母乳里的菌群中是带有些喜欢惹是生非的、亦即一般所谓的病原菌。这样说来，喂养母乳岂不是隐藏着致病的风险？——事实却不然！因为母乳中的寡糖和双歧杆菌会发挥双重的保护作用。那么，它们是怎样做到的呢？

• 有利宝宝的生长

母乳里至少含有一百三十种寡糖，它们的功能一是具有抗菌的活性，不但会阻挡病原菌黏附在肠壁上，更可以直接杀灭它们，或使其细菌外膜破裂而死亡。

二是作为"双歧因子"，促使在母乳里抗菌力也强大的双歧杆菌大量增殖，从而稳定乳内菌群的平衡。

根据美国加利福尼亚大学洛杉矶分校的研究，婴儿肠道30%的有益菌，是直接来自母乳哺育，另外10%则是来自母亲乳房上的皮肤。毋庸置疑，母乳中细菌的多样性有利于婴儿成长，它们虽不是进驻肠道的先锋部队，但在协助构建肠道菌群和免疫系统的成熟上，却是不可或缺的帮手。

 加油站

2013年，瑞典哥德堡希尔维亚皇后儿童医院（Queen Silvia Children's Hospital）的研究发现，父母在喂奶前若先吮吸奶嘴，有助于增加宝宝口腔细菌的多样性，提升免疫力、预防过敏和哮喘。

研究人员追踪认定的一百八十四名出生后具有过敏体质的婴儿，在6个月大时有65位父母会事先吮吸奶瓶的奶嘴，之后才给自己的小孩喂奶。随后等到所有婴儿18个月大时，再次进行过敏测试。结果发现，其中46名患有湿疹、10名出现哮喘迹象，而反观那65位家长的宝贝，罹患湿疹的风险降低了63%，哮喘降低达88%。不过，这种效应在小孩成长到3岁后，就逐渐消失了。

这项研究尽管很科学，想来一般家长理应不至于如法炮制吧！毕竟细菌传播所带来的危险无从预料，若得不偿失，就后悔莫及了。

剖腹产儿

多年来许多人一直在倡导自然分娩，因为剖腹产儿没经过母亲阴道这关的洗礼，致使肠道缺乏乳酸菌，对婴儿的健康将造成长期影响。剖腹产与许多难缠的疾病如肥胖、过敏和哮喘等有较高的关联性，这方面的研究现在也已经越来越多。

•模拟自然分娩

那么，由于难产而必须剖腹出生的婴儿，就得听天由命、没有亡羊补牢的办法了吗？答案是有的！那就是一种模拟自然分娩过程的方式，我们姑且称它为"阴道细菌拭擦法"。

这是由近年来风头甚健的美国学者罗伯·奈特率先示范的办法。他目前是美国加利福尼亚大学圣地亚哥分校、微生物群系研究所（Microbiome Initiative）的执牛耳者。

2011年，他的女儿即是因故紧急剖腹而出世的，奈特为了降低负面影响，就趁医护人员离开手术室后，用医疗用棉棒将妻子阴道的细菌涂抹到女儿身上的几处地方：皮肤、耳朵和嘴巴，这些部位都是自然分娩时，婴儿通过阴道会接触到的。此即所谓"阴道细菌拭擦法"，不过它并无标准的操作程序可言。

• 有趣的大型研究

罗伯·奈特随后与美国新泽西州立罗格斯大学的玛丽亚·多明戈兹-贝罗合作一场大型试验，想证明他的做法是对的，并了解这种补救方式能否改善剖腹产所引起的短期、长期影响。

他们的研究方法很简单：即在孕妇手术前一个小时，将一块医用纱布置入阴道中，手术时再取出、放到无菌培养皿中，在婴儿出生后擦拭其全身。而2016年发表的结果显示，只是单纯的拭擦，就能让剖腹产儿的肠道拥有与自然分娩儿更相近的细菌种类。

贝罗曾说了句颇有意思的话："身为一名女性科学家，我从未建议过任何人这样做，因为我还没有足够的相关资料；不过我先这么说好了，如果我当初剖腹产女时，能拥有现今的信息，那么我会选择自然产。"

• 自然产还是剖腹产？

今天，中国有许多孕妇选择剖腹产，个中因素不一而足，但有一点很关键，那就是人们对自然分娩和剖腹生产的利弊不甚明了。纯就医学来说，剖腹产的危险是远高于自然分娩的，所有腹腔手术需要承担的风险，可一项都少不了！

还有很多人认为，若首胎以剖腹方式生产，那生第二胎时也得依样画葫芦，理由是上次手术留下的伤疤，将因收缩的压力而破裂——这可是无稽之谈！

加油站

2018年，美国新罕布什尔州汉诺威的达特茅斯-希区柯克医学中心（Dartmouth-Hitchcock Medical Center），在《微生物群系》（*Microbiome*）期刊发表了一篇名为《孕妇饮食与婴儿粪便微生物群之关系决定于分娩方式》的论文。研究人员采集了145例六周大婴儿的粪便（其中自然分娩97名、剖腹生产48名）和孕妇在24～28周时的饮食信息来进行研究。

他们观察到，婴儿肠道的菌群是以双歧杆菌属、链球菌属、梭菌属和拟杆菌属的细菌为主，并进一步发现孕妇饮食对它们群落水平与丰度的影响。这种影响显然与分娩的方式有关，尤其对剖腹产儿的健康存在不利的一面。

大肠水疗

在中国，有些医院已推出洗肠门诊，为患者做大肠水疗。但这种疗法自古有之，史不绝书，据信始于公元前法老王时代的埃及人。

东汉有王充名言："欲得长生，肠中当清；欲得不死，肠中无滓。"这句话最足以代表古人的养生观念了，即是洗涤肠道，就能让人健康、长寿。

• 近代的肠道水疗风潮

然而，近代兴起于美国的大肠水疗蔚为风潮，实与前述思维关联不大，起因主要是——饱受便秘困扰的人太多了。

大肠水疗和常规洗肠的不同之处，在于后者是临床上的一种医疗手段，有明确的对象限制，譬如做肠镜检查或需腹部手术者；而前者清理肠道的诉求，则着眼于保健这方面。

对于为便秘所苦的人，大肠水疗确实具有改善作用。由于吾人的粪便里大概含有三十二种毒素，这种疗法宣称可以排毒养颜，亦未必夸大其词。问题在于：进行水疗时，肠道是会伸展开来的，故若经常洗肠的话，可能将丧失大肠把粪便向下挤压并排出的能力，到时便秘不是变得更严重了吗？

• 无效的大肠水疗

2009年，美国两位肠胃病学专家，同时也身兼医师的鲁本·阿格斯塔（Ruben Acosta）和布鲁克·凯希（Brooks D. Cash），搜集了297篇论述大肠水疗有何好处的文献，来做综合研究，他们得出的结论是：完全找不到一篇足以证实大肠水疗有任何效果的报告，甚至在多数的案例中，只会让情况变得更复杂！

毕竟，大肠的自然设计是为"排出"而非"接受"，大肠水疗明显属于侵入性的医疗行为，不但容易使身体丢失许多水分、打乱矿物质的应有含量、影响心肺器官，更会破坏肠道菌群的生态平衡，导致肠道渗漏，进而严重冲击健康！

清洗肠道后或许让人神清气爽、一派轻松，但到头来很可能得不偿失，岂能不谨慎对待？

 加油站

同样是2009年，英国《结肠直肠疾病》（*Colorectal Disease*）期刊上，刊登了一篇新加坡伊丽莎白医学中心（Mount Elizabeth）的研究：《大肠水疗的生理学》。该篇论文指出，大肠水疗没有生理学基础，至少有一些前提并不正确；事实上，它可能导致毒素和细菌传播、吸收到体内，因为排泄物在直肠时已成固体形状，做水疗时又遭冲散为悬浮物，反而会促进粪便所含的毒素与细菌都渗透到全身循环中，弄巧成拙！

▌粪菌移植

"你去吃屎吧!"虽是一句损人的粗话,但吃大便真的可以治病。这几年来,粪便细菌移植疗法已渐获主流医学的认同和采用了。

•利用粪便来治疗疾病

或许是受到动物食粪的启发,古人早就知道利用粪便来治疗疾病了。公元四世纪,东晋学者葛洪即留下"饮粪汁一升即活"这样的惊世之语。当然,先贤们限于历史条件,并不知疗效作用的关键,乃是来自粪便里的肠道细菌。

如今,粪菌移植已被用来尝试治疗诸多疑难杂症,包括了炎症性肠病、肥胖症等代谢综合征和神经变性疾病。根据调查,近几年来各国有注册的相关临床试验,总计超过两百项,针对的疾病类别亦超过二十种。

目前这种微生态疗法,最常用在由艰难梭菌引发的伪膜性肠炎(Pseudomembrane colitis)上,病患大都因此而得救。再来就是医治腹泻型的肠躁症(即肠易激综合征)了,疗效多数也明显可见。

全球如今已累积不少粪菌移植的成功案例,效果显著。原因虽不清楚,但肯定与自然粪液中多样性的菌群所发挥的协同作用有关;而疗法即便失败,或许也能为患者的常规医疗铺上坦途,因为正常的肠道菌群既然经过暂时重建,在这个基础上要改善或治愈疾病,就会比较顺手了。

• 长途旅行第一步

毋庸置疑，粪便移植乃是伪膜性肠炎的救命稻草。大家都知道，器官移植最怕的就是排斥反应，如果肠道细菌是一个"微生物器官"，那么粪便移植理应也会面临同样的问题才对。

2013年，纽约艾伯特·爱因斯坦医学院（Albert Einstein College of Medicine）的劳伦兹·勃兰特（Lawrence J. Brandt）在《美国胃肠病学杂志》发表了《粪菌移植：长途旅行第一步》，该文章即指出，我们需要进一步了解粪菌移植与病人生理的相互作用，以及患者能维持改变的微生物相多长时间。

这位肠道专家认为，大便疗法的严重副作用迟早会出现，可能是急性感染或者过敏性反应，甚至可能是长期的后遗症。不过，吾人相信这些外来移民还是会功成身退，总有消失不见的一天；宿主的原有住民终将再次重现江湖、叱咤肠道。

其实，如何寻觅健康而且适合病人的捐赠粪便，才是粪菌移植面临的最大问题，因捐粪比起献血的要求来得严格太多，找到理想的粪源，并非易事。

• 亚洲正急起直追

南京医科大学第二附属医院，在张发明教授领军下，于2012年就已创建标准化粪菌移植中心，于2015年成立了亚洲首个粪菌库，积极展开研究，临床成果丰硕，在国际上拥有相当的知名度，值得借鉴。

加油站

　　2011年，加拿大贵湖大学（University of Guelph）的研究人员，将健康者的粪便样本"加工"处理，开发出只含有三十三种无害细菌的人造粪液，并治愈了两名重复感染艰难梭菌的受试者。

　　我们认为，虽经筛选培育而重新组合的粪菌，或能确保细菌来源的安全性与可控性，但这种人造粪菌等同超大号的益生菌制剂，其疗效或不见得会比自然的粪菌嘉惠更多患者。

药物伤肝

我们都知道，吃药伤胃、伤肝和伤肾。此处仅就损害肝脏部分来说明，因为与肠道细菌有密切关联！

• 排毒既伤肝又伤肠

有谓"是药三分毒"。肝脏是最主要的药物代谢器官，排解毒素是它的天赋专长，流程大概可分成两个阶段：

一是由细胞色素P-450酶家族带动的排毒。这里制造出中间代谢产物，不过在这个过程中，会因产生活性氧而使肝脏受到伤害；

二是通过接合或者说包裹的方式，做进一步加工。其代谢途径有好几种，包括了葡萄糖醛酸化、硫酸化和甘氨酸化等化学反应。

当毒素被排出体外时，会跟肠道的细菌不期而遇。肠道细菌往往会好奇地将肝脏打包妥当的毒素代谢物质分解开来，使其再进入肠肝循环，从而加重药物的肝毒性。这其中常见的肠菌所水解的葡萄糖醛酸化结合物，更是令药物在肠肝循环的决定性动作！

2017年6月，美国《肝脏》期刊上就有项针对阿尔茨海默病药物"他克林（Tacrine）"的肝毒性研究，文中即指出，肠道细菌产生的β-葡萄糖醛酸酶，会促使该药去葡萄糖醛酸化，明显加重了由药物诱导的肝脏损伤。须知

β-葡萄糖醛酸酶有致癌的风险，肠内能制造这种酶的细菌非常多，大肠杆菌就堪称是其中代表。

· 增加好菌还是唯一解决办法

正如前述研究显示的，预先投以抗生素，可以减轻吃药对肝脏的伤害，然而这绝非最好的办法：根本之道还是得从日常饮食着手，方为上策！因为β-葡萄糖醛酸酶的活性与饮食有关，若能够减少摄入高蛋白和高脂肪的食物、多吃些富含纤维素的食物或者"益生元"——寡糖，以利双歧杆菌等好菌增多，自然就可以降低该菌的活性了。

 加油站

2018年3月，《自然》杂志刊登了一篇欧洲分子生物学实验室的论文，《非抗生素药物对人体肠道细菌的广泛影响》，揭示四分之一的常用药对肠道菌群有显著影响。

研究人员搜集了目前1079种合法药物，其中只有156种（144种抗生素和12种防腐剂）具有抗菌活性，随后选择了40种健康者肠道中的正常菌群来测试药物。

研究结果中，抗生素类对肠道细菌有活性并不意外，令人惊讶的是有27%的非抗生素类药物，会抑制至少一种细菌的生长，尤其有40余种药物还影响了超过10个菌群。他们发现，健康者肠道中相对丰度较高的菌群，更易受到适用人类的药物影响！

微生物组计划

根据专家估计，微生物大约有一万亿种。它们是地球上最早出现的生命，堪称包罗万象，无所不在。没有微生物就不会有动物和植物，这个大千世界将是一片死寂而非当下的面貌。

• 深入探索微生物的世界

自2005年10月，十三个国家的科学家在巴黎举办了推动人体微生物组研究计划会议并发表宣言后，2008年美国和欧盟各自展开了"人类微生物组计划"和"人类肠道元基因组研究计划"。前者旨在搜集人体各部位的微生物，探索和了解它们的变化对宿主身体状况的影响，后者则着力在肠道微生物基因与人体健康和疾病的关系。十几年过去了，现在大家都已对栖息于人体的微生物群系有或多或少的认识。

2010年8月，美国学者杰克·吉伯特（Jack Gilbert）和罗勃·奈特等人发起并成立了"地球微生物组计划（Earth Microbiome Project）"，微生物组计划的范围扩大了，可以说是包罗万象。该计划的目标，是鉴定包括土壤、空气、海洋和淡水……中的二十万个微生物样本，给它们列个清单，最后编成详细的目录。

"地球微生物组计划"的初步成果已发表在2017年11月1日出版的《自然》杂志上。报告指出，在全球四十多个国家、五百多位科学家的通力合作下，迄今已收集到近两万八千个不同的环境样本，并鉴定出三十多万条独特的微生物基因序列，但只有10%与现有的资料库可相匹配。由此可见，我们已知的微生物只不过是沧海一粟而已。

• 美国官方启动超级大工程

近年更有项顶级的微生物组计划正在进行中：即经过一年的酝酿，2016年5月13日，美国正式宣布启动一个跨部门并与民间力量合作的美国"国家微生物组倡议（National Microbiome Initiative）"，旨在促进不同环境的微生物组研究，借以开发微生物在医疗健康、食品生产和环境保护等领域的应用。

这个由美国带头的庞大微生物组计划，将致力于协调及整合目前已有的资源，并确立了三大目标：

一为支援跨学科研究，解决不同生态系统微生物的基本问题；

二为发展平台技术，促进微生物了解以及知识和资料的共用；

三为通过教育资源和公众参与等措施，扩增研究微生物人才。

美国"国家微生物组倡议"是微生物组计划一项前所未有的大工程，无疑将逐渐发掘更多的微生物秘密及其应用，且让我们拭目以待吧！

2

肠道细菌点将录

酶

脆弱拟杆菌

脆弱拟杆菌（*Bacteroides fragilis*）是大多数人肠内正常菌群的重要成员，但也是临床各科认为较会引起发自人体内部（内源性）感染的常见细菌，甚至与肠癌也沾上了边！故传统上认为是种"条件致病菌"，以微生态学的观点来说，所谓的条件指的是易量和易位，即只有在某种情况下，它才会对宿主造成伤害。

• 操纵发炎机能的厉害杆菌

曾荣获2012年"麦克阿瑟"天才奖的美国加利福尼亚理工学院萨尔奇斯·马兹曼尼恩（Sarkis K. Mazmanian）教授，这十多年来都在研究脆弱拟杆菌，他的动物试验清楚表明，此菌能够恢复自闭症老鼠正常的肠道菌群结构和肠道渗透性，同时改善它们的焦虑程度、交流互动以及重复刻板的行为等。

尤其值得一提的是，马兹曼尼恩的研究团队观察到：脆弱拟杆菌竟然会对免疫系统发号施令，支援或者操纵身体的抗发炎机能，协助免疫系统平衡！它就好比是一位裁判，有助于使促发炎和抗发炎的免疫细胞恢复平和、均势。

具体地说就是：脆弱拟杆菌能制造一种名称为多糖A（Polysaccharide-A）的物质，在其释放出来时会激起调节型T细胞（Tregs）的活化，使得辅助型T细胞免疫军团冷静下来；因此除了能保护自身不被当作病原体而遭到攻击外，在治疗炎性肠病和肠躁症（即肠易激综合征）上，脆弱拟杆菌也是个很好的帮手！

• 自体免疫性疾病的横行

脆弱拟杆菌的益生作用非常明显，可以弥补人类自身脱氧核糖核酸（DNA）的不足，可惜它与幽门螺旋杆菌同病相怜，向来被医学界认为绝非善类！因此在抗生素三不五时地投放影响下，现代人肠内这种共生细菌也同样越来越少了。今天全球罹患自体免疫性疾病——例如Ⅰ型糖尿病、克罗恩氏病和多发性硬化症等——的人急速增加，可能就是与脆弱拟杆菌的缺乏有直接关系。

如果你有需要补充这种益生菌，目前在市场上可找到液态包装的制剂；另外，根据日本试验的结果显示，摄取益生元（Prebiotics）——异麦芽寡糖——也有促进肠道原生菌群明显增殖的效果。

免疫球蛋白A

人体内分泌最多的抗体就是免疫球蛋白A（IgA），因为它必须保护直接向体外开放的呼吸道，加上消化道和生殖道等，约计有四百平方米的黏膜表面，战线长、消耗大，比其他抗体加起来还多，自然就不足为奇了。例如在肠道里，成人每天要分泌大约三至四克的免疫球蛋白A。

• "无害，可进入！"

我们知道，B淋巴细胞的功能就是合成不同的抗体，去帮进入体内的物质贴上有害抑或无害的标签，好让各路白细胞区分是要清除还是保护，而其中的免疫球蛋白A，就是一种专门用来识别无害物质的抗体。

日本理化学研究所RIKEN的黏膜免疫学权威西多妮亚·法格拉桑（Sidonia Fagarasan），就是最早观察到免疫球蛋白A极有可能会维护肠道某些细菌、而非排除它们的学者。她认为这型抗体也参与了维持与控制肠道细菌的工作。如今她的观点已获得加利福尼亚理工学院萨尔奇斯·马兹曼尼恩等人研究的有力证实。

• 和平共处吧！

马兹曼尼恩团队长期关注肠道脆弱拟杆菌，鉴定出它有助于缓解结肠炎、多发性硬化症和自闭症的病情。这次则通过对该菌的研究，揭示了免疫球蛋白A是保障肠道正常菌群存在的关键。

他们发现：免疫球蛋白A是与脆弱拟杆菌表面由糖类形成的荚膜结合在一起的，这也就等于给它贴上无害物质的标签，使之能安身立命于肠道。不过最有说服力的试验则是：

（1）比较分别投以脆弱拟杆菌的正常无菌鼠，和不能制造免疫球蛋白A的无菌鼠，结果显示该菌会在前者的肠道内定植，后者却只能是过客。

（2）研究人员将正常老鼠的整个肠道微生物群系，移转给免疫球蛋白A缺乏的无菌鼠体内，结果发现有些不同的细菌还是无法落户定植下来。

这篇2018年5月3日刊登于线上《科学》杂志、名为《肠道菌群利用免疫球蛋白A来定植黏膜》的论文，揭示了肠道细菌与宿主和平共处的分子机制，也为微生态失调疗法开辟了新的思路。

免疫球蛋白A抗体因有独特的尾部结构，能够抵抗消化道中的酸和酶，或许有一天可补充外源免疫球蛋白A，或是配合益生菌制剂来使用。

我在其他作品中曾提到免疫球蛋白A具有"可改变细菌的生长特征，调节正常肠道内的菌群分布"的功能。事隔十七年，终于看到一篇足以印证它的分子水平的研究了，实在很高兴！

 加油站

　　肠道中有益菌数量多，就会增加宿主免疫球蛋白A的分泌及第一辅助型T细胞（Th1）的活性。前者浓度越高，肠道保护力越强；后者则是扮演过敏产生时的调节器，若第一辅助型T细胞活性高，相对的第二辅助型T细胞（Th2）活性就低，宿主身体也就不太可能出现过敏的现象。

具核梭杆菌

对一般人来说，具核梭杆菌（*Fusobacterium nucleatum*）是个陌生的名称。它是我们口腔这个菌库里的固定成员之一，典型的外观呈纺锤形，具有锐利的尖端，公认属于条件致病菌，可主导牙周病的发生。

• 从口腔影响到大肠

这种专性厌氧的微生物拥有很强的黏附细胞能力和多种毒力因子（Virulence factors），若从口腔随血液易位到身体其他器官，或将为宿主带来灾难，譬如阑尾炎，或是感染子宫、导致孕妇早产等。

这几年来已有好多篇研究指出，具核梭杆菌与大肠癌的发生与发展有密切关联，它不仅促进癌症形成，也推动癌细胞淋巴结的转移。研究人员还发现，患者若预后不佳、易再复发，实与该菌丰度升高、造成癌细胞抵抗化疗药物有关。

具核梭杆菌之所以能为虎作伥，在肠癌上推波助澜，是因为它会黏附并侵入大肠癌细胞里面、活化增殖，进而触发一连串的变化。

• 为虎作伥的重要角色

这种细菌通过自身表面不同的蛋白质分子，一方面与肠道细胞结合、趁势坐大，破坏菌相平衡、诱发炎症反应，增加罹患癌症的风险；另一方面则与免疫细胞相结合，保护肿瘤细胞免遭抑制或者杀灭，加速了癌症的进展。

我们知道与大肠癌攀亲带故的肠道细菌不一而足，例如牛链球菌（*Streptococcus bovis*）、产肠毒素脆弱拟杆菌（*Enterotoxigenic bacteroides fragilis*）以及大肠杆菌（*Escherichia coli*）等，都被研究探讨过。但可以肯定地说，直接聚集在肿瘤细胞里的具核梭杆菌，所扮演的绝对不会是配角。

 加油站

（1）牛链球菌的黏附性较低，不能进入上皮细胞内部，它最常见于败血症与心内膜炎患者中，这些患者们的大肠癌发生率分别为18%～60%和65%～80%，高于其他人群。

（2）产肠毒素脆弱拟杆菌分泌的金属蛋白酶，除了可引起腹泻外，还能降解肠道细胞上的黏蛋白，并启动参与发炎和细胞分裂的基因，从而开通致癌的途径。

（3）大肠杆菌表达的基因毒素（Genotoxin）会裂解上皮细胞DNA双链，导致突变。尤其是这种大肠杆菌若与上述的脆弱拟杆菌同时并存在肠道内，更容易引发大肠癌。

幽门螺旋杆菌

主流医学对幽门螺旋杆菌有很深的偏见，都认为它是非常不好的细菌，甚至在1994年，世界卫生组织还将它列为第一级的致癌物。多年来在人见喊杀的形势下，幽门螺旋杆菌堪称当今正在逐渐消失的微生物代表！根据调查，现在在美国等富裕国家里，每四个人当中只有一人会携带幽门螺旋杆菌，这绝非是件可喜可贺的事。

• 人类有用的老伙伴

从基因研究可知，人类身上，至少在十万年前，就带有幽门螺旋杆菌了。这个与人类共生的古老微生物伙伴，真有那么坏吗？纽约大学研究该菌逾三十年的马丁·布雷瑟（Martin J. Blaser）和他的团队现已给出了答案，即幽门螺旋杆菌可以调节宿主重要的代谢与免疫功能：

（1）胃酸高低直接受到幽门螺旋杆菌调控，能保护人们不患上胃食道逆流、减少食道阻塞病［巴瑞特氏食道症（Barret esophagus）］等。

（2）幽门螺旋杆菌的作用大都始自人类婴幼儿期，它的存在可抑制哮喘发生，也很少会对变应原起反应。

（3）幽门螺旋杆菌能征召调节型免疫细胞（Treg）来协助压制免疫反应，预防多发性硬化症和克隆恩氏症（Crohn's disease）等。

（4）幽门螺旋杆菌会影响饥饿素（Ghrelin）和瘦体素（Leptin）——两

者涉及能量储存和激素调节，故与体态胖瘦也有着连带关系。

•解决现代人的食道困扰

幽门螺旋杆菌是长期历史进化过程中，在胃里形成的优势正常菌群，一旦消失，后果堪忧！从流行病学调查所显示的、全球胃食道逆流和食道腺癌等患者的逐年增加，不就可看出端倪了吗？

道家说得好，"万物负阴而抱阳"。幽门螺旋杆菌致病的原因，一言以蔽之，便如美国密歇根大学微生物学家格里·胡夫纳格尔（Gary B. Huffnagle）所言，是族群繁殖过量造成胃内微生态失衡。因此，我们应该做的是设法调整、而非消灭它们，否则总有一天会因为将它赶尽杀绝而懊悔不已！

 加油站

数年前曾经发表过几篇幽门螺旋杆菌与过敏和哮喘关系的论文的瑞士苏黎世大学（University of Zurich），2018年在《过敏与临床免疫学期刊》（J. Allergy Clin. Immunol）上又刊登了一篇最新研究，再次验证了幽门螺旋杆菌在减少过敏和慢性炎症疾病方面的作用。

他们指出，母体在围产期（妊娠28周至产后1周）暴露于幽门螺旋杆菌、接触到其提取物或分泌的免疫抑制剂——空泡毒素VacA——时，能通过诱导调节型T细胞，不仅在第一代，还在第二代对过敏性气管炎提供强大的保护力，而且不会增加对病毒或细菌的易感性。

多形拟杆菌

现在我们已经知道，肠道细菌会帮忙消化吃进去的食物，特别是那些很难分解的碳水化合物，譬如纤维素、抗性淀粉（Resistant starch）或者是寡糖等，因为人类身体不像肠道细菌那样能产出处理它们的相应酶类。不过宿主无法代谢的碳水化合物，也就是肠道细菌的重要营养来源。

一般认为，分子结构复杂的碳水化合物在消化道的分解，通常都是肠道一些细菌共同合作促成的，譬如膳食纤维不就是这样吗？那么肠道是否有个别的细菌就能独揽作业呢？著名的《自然》杂志（2017年3月22日出刊）有篇文章已经给出了答案。

• 分解糖的高手

英国新堡大学（Newcastle University）取材名称拗口的"鼠李半乳糖醛酸聚糖"（Rhamnogalacturonan）作为研究基质，这是种具有二十一个不同糖苷键的植物多糖，在红酒里面含量颇高。研究人员检测了我们肠道数量最庞大的拟杆菌属（*Bacteroides*）的一些菌种，结果发现多形拟杆菌（*B. thetaiotaomicron*）所产生的七种糖苷水解酶，可切开该糖的糖苷键，独自完成这种复杂碳水化合物的代谢任务。

要知道，肠道主要的多糖分解细菌包括：拟杆菌属、瘤胃球菌属、双歧杆菌属，以及一些优杆菌属（*Eubacterium*）和梭菌属（*Clostridium*）的细菌，其中拟杆菌乃是肠道内分布最广泛的多糖分解细菌，其所属的多形拟杆菌即解糖高手的代表！

因为多形拟杆菌的基因编码不只是上述几种糖苷酶而已，还包含了逾百种的多糖分解相关酶，它们都可分解膳食中碳水化合物的大部分糖苷键、释放出能量，因此这种细菌跟体重、糖尿病会有一定关联，其在肠道数量的增减变化是很值得注意的。

 加油站

多形拟杆菌能代谢谷氨酸（Glutamic acid），增加脂肪细胞的脂肪分解和脂肪酸氧化过程、降低脂肪堆积，有助于瘦身减肥。

美国圣路易斯华盛顿大学医学院研究比较了肥胖老鼠和纤瘦老鼠的肠道细菌，结果即显示，肥胖鼠肠道的拟杆菌门（Bacteroidetes）细菌减少了将近一半，而多形拟杆菌便是其中之一。

罗伊氏乳杆菌

2016年，美国休士顿贝勒医学院（Baylor College of Medicine）在《细胞》（*Cell*）期刊上发表的动物试验指出，如果肠道缺乏罗伊氏（或译为瑞特氏）乳杆菌（*Lactobacillus reuteri*），即会导致小鼠社交功能的缺陷，就像自闭症出现的症状那样。

• 促进社交能力

研究人员比较了高脂饮食和正常饮食喂养的母鼠后代肠道细菌，结果发现双方存有显著差异。在社交出问题的前者，肠道菌群失衡，尤其罗伊氏乳杆菌非常少，不过在补充该菌或转移后者（正常小鼠）的粪便后，它们的社会行为障碍就被逆转了。

有趣的是，研究团队还观察到罗伊氏乳杆菌能促进"催产素（Oxytocin）"生成，使其恢复到标准水平。必须了解，这种激素在社交行为中相当关键，也与人类的自闭症有关。

2017年，美国华盛顿大学与普林斯顿大学的研究人员在《科学》杂志发表的论文则揭示，罗伊氏乳杆菌能通过色氨酸衍生物3-吲哚-乙酸，来诱导一类促进耐受性的免疫细胞产生，进而调节炎性肠病。

•幼儿的保护者

其实在乳杆菌家族里，通常罗伊氏乳杆菌在肠道内是最多的，婴幼儿保健食品中也常见添加。这种益生菌的研究早在20世纪80年代就开始了。罗伊氏乳杆菌所产生的罗伊氏菌素（Reuterin），与其他乳杆菌制造的细菌素完全不同：

一是它属于广效型的抗生素，能抑制很多致病微生物；

二是它属于非蛋白类物质，不致受到蛋白酶破坏，故稳定性很高。

除此之外，罗伊氏乳杆菌还能承受胃酸和胆汁，并拥有较强的黏附能力，可安然定植于肠黏膜黏液层和上皮细胞。

罗伊氏乳杆菌就是因为有上述特性，故在肠道疾病防治上屡有表现，特别是针对孩童的腹泻、便秘，以及引起婴幼儿夜间哭闹的疝气等，都有很明显的疗效。

 加油站

2014年美国贝勒医学院另在《细胞生理学》（Cell Physiology）期刊发表的一项动物试验指出，罗伊氏乳杆菌可以提高骨密度和骨矿物质含量，预防骨质流失与骨质疏松。

卵巢移除的老鼠在摄取该菌后，骨骼中炎症因子表达减少、骨吸收标志物以及破骨细胞生成均明显下降，同时使老鼠紊乱的肠道菌群也改变了。

研究团队认为，服用罗伊氏乳杆菌是减少停经后骨质流失简单而有效的方法。

减肥细菌

如果你想瘦身，有种肠道细菌一定要知道，那就是阿克曼氏菌（*Akkermansia muciniphila*）。阿克曼氏菌是为表彰荷兰学者安东·阿克曼（Antoon Akkermans）对微生物生态学的卓越贡献，而以之命名的。

它的名字"muciniphila"意为"喜欢黏液的"。这种细菌生活在肠道厚厚的黏液层上，它们会促进肠道细胞产生更多的黏液来提供其养分并作为肠道的屏障，维护健康。若该菌数量缺少的话，黏液层就会变薄，容易引发肠漏症。

阿克曼氏菌是名副其实的减肥细菌，与体重有直接的关系：肠道含量较少的人，BMI值就较高。调查显示，在纤瘦者肠道内，该菌大概占有4%的数量，而在肥胖者的肠道里几乎找不到它们的踪影！

• 比节食和运动更快的瘦身伙伴

根据研究，阿克曼氏菌之所以有显著的减肥作用，乃是因为：

（1）它们能增进肠道黏液层厚度、加固肠道屏障，阻止肠道细菌释出的脂多糖（Lipopolysaccharide）透过肠壁进入血液。这种分子具有毒性，过量会造成脂肪组织发炎、脂肪细胞变大而使体重上升。肥胖者血液中即会有大量的脂多糖。

（2）它们能够控制肠道内源性大麻素（Endocannabinoids）的水平，

有助于脂肪燃烧，速度要比节食和运动快得多！要知道，只要吃了高脂食物，体内就会分泌大麻素，它与肥胖症或糖尿病等代谢综合征可是关系极为密切。

• 减肥的终南捷径

每天为体重烦恼的朋友们，其实减肥不必花大把银子、舍近求远，只要用心照顾好你与生俱来的阿克曼氏菌，使其增加活化，或许就能达成了！虽然现在似乎并无商品化的阿克曼氏菌这种有益菌制剂可购买，但平日只要恪守"少荤多素"的饮食原则，仍有相当帮助。具体来说吧！你每天需要适量摄取的就是：膳食多酚、膳食纤维、机能寡糖。

最后再提醒一下，凡是能促进双歧杆菌增殖的食物，都可以大大增加阿克曼氏菌的数量哦！反过来说，一个人的BMI值越高，其肠道的双歧杆菌数量也就越少。

 加油站

2017年《肠道》（*Gut*）期刊登了一篇芬兰图尔库大学（University of Turku）的论文，研究人员通过两个非肥胖糖尿病老鼠群体，探明不同的糖尿病发生概率，及其与肠道细菌的关系。

他们将低发病率群的肠道菌移植到高发病群，虽后者的发病率并无改变，但在少数未被有效转移的群体中鉴定出了阿克曼氏菌。

研究团队再把阿克曼氏菌转植到高发病率的群体，结果促进了该群体的肠道黏液产生，抑制了扭链瘤胃球菌（*Ruminococcus torques*）的活性、内毒素的释放和胰岛受体的表达，进而延缓了糖尿病的进程。

胃口遥控者

纽约大学的研究指出，幽门螺旋杆菌能调控"饥饿素（Ghrelin）"的产生，一旦缺少该菌，这种功能就会失调，使人管不住嘴而增加体重。

• 大肠杆菌委屈了

就像幽门螺旋杆菌，大肠杆菌给人的印象也很负面，其实二者都是人体内的共生细菌。在正常情况下，大肠杆菌也对宿主有益，譬如说它们会产生B族维生素，还拥有一项重要功能，就是防止病原菌在肠道里取得势力、为非作歹。

世界首株益生菌制剂，就是德国在20世纪20年代利用尼氏大肠杆菌（*Escherichia coli Nissle*）开发出来的，公认能有效治疗腹泻。

• 控管食欲的本领

近年来法国鲁昂大学还发现，大肠杆菌参与了机体用于调节饱足感的信号途径，具有抑制食欲、管控进食的作用呢！这篇登在2015年11月24日《细胞代谢》（*Cell Metabolism*）期刊上的动物研究指出，老鼠在正常喂食二十分钟后，肠道内的大肠杆菌会合成一些与进食之前不同种类的蛋白质；这些细菌蛋白通过促进肠道细胞，分泌具有抑制食欲的"肽YY（PYY）"和胰高血糖素样肽（Glucagon-like peptide-1）物质，可启动大脑的饱食中枢神经元，增加老鼠的饱足感；而将这种蛋白质小剂量注射到饥饿老鼠的肠道后，比起对照组的老鼠，它们也进食得少了。

我们已经知道，能促使人想吃喜爱的食物且欲罢不能的多巴胺，乃是靠肠道细菌制造的B族维生素才能合成。而这次是研究人员首度发现，会让宿主有饱足感的肠道细菌和相应蛋白质。

由此看来，当我们饱餐一顿后就不再嘴馋时，有可能正是肠道细菌在提醒你吃过头了呢！

 加油站

美国加利福尼亚大学旧金山分校、亚利桑那州立大学和墨西哥大学的研究团队，综合分析了120篇1981—2013年的肠道细菌相关文献后，得出的结论就是肠道细菌会绑架神经系统！它们为了自家的生存和繁殖，可以通过改变迷走神经的分子信号，影响宿主对食物的偏好与选择。所以我们的"胃口"可不一定全是由自己决定的！

3

肠道细菌与疾病

益生元

"肠—脑—皮轴线"

早在20世纪30年代，美国宾夕法尼亚大学的约翰·史塔克（John H. Stokes）和唐纳德·皮尔斯伯瑞（Donald M. Pillsbury）发现肠道状态、肠道菌群、大脑与皮肤之间存在密切联系，遂提出了"肠—脑—皮轴线"的概念，不过就像美国得克萨斯理工大学马克·莱特（Mark Lyte）等人宣传"微生物—肠—脑轴线"的遭遇一样，当时并不为多数人所认同。先知先觉者总是孤寂的，古今皆然，从无例外。

或许是拜近十年来肠道细菌研究发达之赐，人们证实了肠道细菌的确与皮肤疾病和心理疾病有关，这个理论终于又能重见天日。中国科学院在2017年2月的中文版《科学通报》中，即刊登了一篇相关的评述专文。

• 肠道、皮肤与心理

皮肤疾病与心理疾病的关系，一般容易体会和理解，譬如最普遍的痤疮好了，试想若拥有张大花脸，有谁还愿意抛头露面？一旦心理障碍出现，久之不除，焦虑和抑郁必然不请自来，而由此对心理产生的刺激，也将使得病情进一步恶化。然而，肠道细菌如何影响上述两种疾病的发生和发展，可就不是三言两语能说清楚了。

简单来说，临床上常见的痤疮、异位性皮炎、脂漏性皮炎和牛皮癣等皮肤疾病，以及它们所引起的心理问题，归根究底都与肠道菌群失调脱不了干系！难治的皮肤病，远因在于婴幼儿期没建立好应有的肠道菌群，近因则在于肠道渗透性的改变（即肠漏症）。

以牛皮癣（正确病名是银屑病）为例，2015年美国国家卫生研究院（NIH）的动物模型试验就指出，使用抗生素治疗新生期的老鼠，将会增加其成年后对牛皮癣的易感性。而自然医学的医师也特别强调，这种被认为"无药可救"的疾病，压根儿必须从修补肠道的渗漏着手，才有希望治愈。

• 从"肠"计议

如今已证实，益生菌有维护微生态平衡、改善肠道的屏障、调节免疫诸细胞等功能。随着对"肠—脑—皮轴线"的认识，若想治疗皮肤疾病，显然得借重微生态制剂，才容易发挥成效！

以上海交通大学的荟萃分析结果为例，益生菌对儿童异位性皮炎防治有其效果。又如法国欧莱雅集团的研究指出，长型双歧杆菌能缓解皮炎症；再如纽约大学的试验也表明了，口服嗜酸乳杆菌可治疗痤疮和精神异常症状。

诸多类似以上的文献，都显示了微生态制剂在治疗皮肤疾病，或改善皮肤和心理状态方面，具有无穷的潜力与价值，主流医学界理应予以重视，并善加利用才对吧！

肚子决定脑袋

美国得克萨斯理工大学的马克·莱特的"微生物—肠—脑轴线"这种前卫思想一如前章所述的"肠—脑—皮轴线"概念那样，一路走来也遭到同行的冷讽热嘲。先知先觉的人，应获得的掌声总是姗姗来迟，自古已然。

• 大脑与肠道细菌的紧密关系

2014年11月，美国神经科学学会首次召开"大脑—微生物组联系"研讨会，不啻宣告主流医学已经接受"微生物—肠—脑轴线"的观点。

所谓"事有必至，理有固然"。在这次会议举办之前的几年间，研究人员发表的相关论文都已一致指出，肠道细菌可以影响宿主的大脑发育和行为举止；大脑也会改变肠道细菌的结构和比例，破坏菌群平衡。

我们知道由迷走神经等介导的"肠—脑"轴线，乃是肠道与脑部之间的双向应答系统，而肠道细菌即利用这个途径，通过神经传导物质、细胞因子（Cytokine，或译为细胞激素）、激素以及其代谢物等，来影响大脑。

肠道细菌会影响宿主的神经系统——经常被引用的一项研究，就是2011年加拿大麦克马斯特大学（McMaster University）的动物试验。他们发现：不同的肠道细菌能使老鼠产生不同的行为，以及大脑化学反应。例如将一群胆小和大胆老鼠的肠道细菌对调、植入对方的肠道，结果胆小老鼠变大胆了，而大胆老鼠却变胆小了。

•虚构与真实

在动物界，我们已经知道微生物抑或寄生虫会侵犯并主导宿主的神经系统，进而改变宿主原本的性格。譬如狂犬病的病毒，狗儿若受到感染即会丧失恐惧感，变得喜欢攻击；感染弓形虫的老鼠会爱上猫尿的味道，而甘愿自投猫咪的罗网。美国俄亥俄州凯尼恩学院（Kenyon College）的微生物学家琼·斯隆切夫斯基（Joan Slonczewski）——她同时也是著名的科幻作家——在小说《大脑瘟疫》（*Brain Plague*）里就曾写道，聪明的微生物占据了人类大脑，有些让宿主摇身一变为只图享乐的吸血鬼，有些则使宿主成为数学界等不同领域里的大师级人物。

那么这种虚幻怪诞的情节，是否真的有朝一日会出现在我们自己身上呢？尽管现已证实，神经性疾病如自闭症、忧郁症、失智症、帕金森病和多发性硬化症等，与肠道细菌的确有所关联，但也有许多的研究已经表明，只要借由益生菌、益生元、抗生素以及饮食改变等手段，来调整肠道紊乱的细菌，就能让病情改善或好转。也就是说，我们有能力控管身上的微生物，至少在可预见的未来依然如是，所以杞人忧天就免了吧！

肠躁症

2017年，加拿大麦克马斯特大学等在《科学转化医学》（*Science Translational Medicine*）期刊上，发表了一项肠躁症（即肠易激综合征）研究，说明了肠道细菌的变化会同时影响肠躁症患者的肠道和行为反应。

研究人员利用粪便移植的方法，将患有腹泻型肠躁症病人（有或无焦虑症状）的粪便菌群，植入无菌鼠肠道，结果发现，相较于接受健康者粪便移植的无菌鼠，前者的肠道功能和行为表现均与肠躁症病人如出一辙，包括食物以更快的时间通过胃肠、肠道屏障功能障碍、低度炎症，以及类似焦虑的行为。

• 名字很多的肠躁症

肠躁症自20世纪40年代被命名以来，称谓就很混乱，逾二十个，莫衷一是，这也反映出医学界对其肇因有着不同的观点与解释。其实任何肠道问题，肯定都与肠道微生态失调有关，肠躁症自不例外，这些年来的研究也予以证实了。

澳大利亚肠胃学专家汤姆·勃洛迪（Tom Borody）是当代利用粪便移植术，治疗过最多病人的医师——自1988年迄今已进行超过五千次，对80%的患者都有成效。我们从其团队累积的成功案例可以发现，粪便移植显然是治疗肠躁症——特别是腹泻型肠躁症的最有效方法了。

• 有效对治

　　加拿大麦克马斯特大学这篇论文与以往相关研究最大的不同，就在于通过粪便微生物的移植，首次探明肠道细菌的改变，与肠躁症患者临床表现的关联性。同时，研究人员也再次验证、确认了我们之前就知道的下列两点：

　　一为肠道细菌对于脑部疾病，如自闭症、帕金森病和多发性硬化症等，有着一定的影响；

　　二为微生态疗法——包括益生菌（Probiotics）和益生元（Prebiotics）——能有效改善并缓解肠躁症者的肠道症状。

　　如今，用常规疗法辅以微生态制剂来医治肠躁症，已渐成必要手段，特别是含双歧杆菌属和乳杆菌属细菌的产品。

　　不过必须了解的是，即使是相同菌种的益生菌，由于菌株不同，效果也会有很大的落差；至于老牌子的酪酸梭菌制剂或布拉氏酵母菌制剂，倒是没有这种困扰。

动脉硬化

美国康奈尔大学有项试验：设置两组老鼠，一组通过抗生素处理了肠道细菌，而未施药的一组则作为对照组，并在两周后诱导它们发生缺血性中风。研究人员发现，接受抗生素处理的老鼠中风症状的严重程度仅仅是对照组的40%。

这篇发表在2016年3月《自然医学》（*Nature Medicine*）期刊上的报告表明，肠道细菌很可能通过某种方式影响免疫细胞的活性，从而调节中风的发病风险。至于是哪一类细菌在作用，则尚待探究。

我们知道，中风乃是由于输送到脑部某一区域的血液受到阻碍所引起，而最常见的原因即动脉硬化。2012年12月线上刊出的《自然通讯》（*Nature Communications*）中，有篇题为《肠道宏基因组的改变与有症状的动脉粥样硬化相关》的论文，就可与上述研究相互映照，因为它也证实了肠道细菌改变与动脉硬化和脑中风之间有关联。

• 中风者和健康者肠菌组成不同

瑞典查尔姆斯理工大学（Chalmers University of Technology）等的研究团队比较了中风者和健康者，结果发现两组人的肠道细菌存在着重大差异。前者肠道拥有丰富的柯林斯氏菌属（*Collinsella*），而后者则罗斯氏菌属

（*Roseburia*）和优杆菌属（*Eubacterium*）居多——这两类细菌都很擅长制造有益身体抗炎的丁酸盐等短链脂肪酸。

• 内源性类胡萝卜素

特别是编码番茄红素等类胡萝卜素的细菌基因，频繁出现在健康组的肠道细菌里；而相对于中风患者，健康者的血液里，也明显存有更多的β-胡萝卜素——而这种具有抗氧化作用的类胡萝卜素，公认具有保护心脏健康的作用。

 加油站

2018年5月，《欧洲心脏杂志》（*European Heart Journal*）刊登了一篇英国诺丁汉大学与伦敦国王学院合作的论文，名为《妇女肠道微生物多样性与动脉僵硬度较低相关》。

他们针对617组中年女性双胞胎的研究表明，肠道细菌的多样性和动脉硬化之间有着显著且直接的关联，在肠道细菌多样性较低者中，动脉僵硬度的测量值更高。

特别是发现了瘤胃菌科（Ruminococcaceae）的菌属，与血管硬化关系密切：这个细菌家族的多样性低，血管硬度就会偏高。

研究人员还在动脉健康者的血液里，观察到由肠道细菌产生的、较高水平的有益物质，譬如能维护肠道屏障的吲哚丙酸（Indoleproprionic acid）等。

高血压

每个人的血压对食盐反应虽不一样，但大家只要谈起号称"无声杀手"的高血压，马上就会想到饮食必须减少盐分摄取。

• 高盐饮食对肠道的影响

高盐饮食会使血压上升，医学认为是因为钠离子在血液中堆积。事实上并不尽然，因为肠道细菌也与此有关。

关于肠道细菌和高血压的关系，有一项美国、德国两国合作的研究，刊登在2017年11月15日的《自然》期刊上，表明了要防治高血压，关键还是在肠道细菌。

论文指出，相对于低盐饮食的老鼠，吃高盐食物的老鼠的肠道菌群，在菌属构成上出现很大的变动：乳酸杆菌属（*Lactobacillus spp.*）的成员明显减少，尤其是小鼠乳杆菌（*L. murinus*）；同时机体促炎性的第17辅助型T细胞（Th17细胞）数量则增加了。结果吃高盐食物的老鼠都患上高血压。只有在补充含有小鼠乳杆菌的益生菌后，才会恢复常态。换言之，乳酸杆菌丰度重现，Th17细胞数量和血压才都下降了。

•肠道细菌掌握血压升与降

而通过对十余名志愿者的研究，在饮食中每天添加六毫克食盐，两周后显示，他们肠道内的乳酸杆菌也变少、Th17细胞增多，血压上升了。不过，受试者若在前一周事先服用益生菌，那高盐饮食就不会造成影响。显然，无论对人或对鼠的研究，乳杆菌属细菌和Th17细胞之间，一定存在关联性。

这个由麻省理工学院和柏林马克斯·德尔布吕克分子医学中心（The Max Delbrück Center for Molecular Medicine）科学家组成的团队，早先的研究就已证实，高盐饮食会启动Th17这群促炎性的免疫细胞，使其数量增加而导致高血压；这次则揭开了乳酸杆菌与Th17细胞间的关系，即乳酸杆菌代谢的吲哚-3-乙酸，具有抑制Th17细胞的作用。很显然，肠道细菌就是血压升与降背后的有力操盘手。

盐是一种天然防腐剂，能抑制细菌的生长，若摄入过多则会破坏肠道微生态平衡，从而引发疾病，应该是很容易了解的事。所以我们的饮食还是以清淡为宜，低盐饮食对身心健康才会有益。

 加油站

双歧杆菌等益生菌降血压的机制：

（1）益生菌可以通过胞外蛋白酶或者肽酶的水解作用，释放出抑制血管紧张素转化酶（ACE）的肽类和γ-氨基丁酸（GABA）等可降压的活性物质。

（2）益生菌能调控免疫细胞，降低促炎性细胞因子表达，亦可增加血管内皮中一氧化氮合酶的活力，产生血管舒张剂——一氧化氮，从而减少全身血管的阻力。

（3）益生菌的代谢物乙酸、丙酸和丁酸等短链脂肪酸，除了能减轻炎症、促进血管扩张、直接帮助降压外，也有利于调节血压的钙、钾、镁等的吸收。

糖尿病

我们如今已经知道，肠道细菌与健康或疾病密不可分。那么，它们到底在其中扮演什么样的角色呢？

• 能控制胰岛素的肠道细菌

这些年来，中外学界发表过的肠道细菌研究报告何其多！但能清楚阐明肠道细菌影响机体的因果关系之文献，却可遇不可求。很难得的是，在2016年12月13日出版的《eLIFE》期刊上，世人终于再见到一篇非常吸睛而有价值的论文。

美国俄勒冈大学的研究指出，肠道细菌是胰脏发育的信号来源，而胰脏能分泌胰岛素的胰岛B细胞，其生长分裂则是由肠道细菌所控制的！

研究人员利用培育的无菌和有菌斑马鱼来做试验。首先，他们观察到从有菌斑马鱼肠道内筛选出的气单胞菌属（*Aeromonas*）和希瓦氏菌属（*Shewanella*）细菌，可以帮助无菌斑马鱼的胰岛B细胞恢复到有菌斑马鱼的运作水平。

• 关键的BefA蛋白质

该研究团队又进一步发现，原来这些细菌会制造一种名为BefA

（B cell Expansion Factor A）的蛋白质，并经由体液循环到胰脏，促进胰岛B细胞的分裂生长。

他们还特地在人体肠道中找到了如肠球菌属（*Enterococcus*）等的细菌，这些细菌也会分泌与BefA很像的蛋白质，而不论其相似度高低，试验结果同样能让无菌斑马鱼的胰岛B细胞恢复到正常水平。

率领这个研究团队的凯伦·圭勒明（Karen Guillemin）教授即表示："团队花了很多年来分离和研究斑马鱼的肠道菌群，努力并没有白费，我们发现了可以调节胰岛B细胞生长分裂的物质，现在需要的是与糖尿病专家合作，开发相关药物来造福患者。"

 加油站

《自然》杂志在2016年7月13日刊登了一项丹麦哥本哈根大学的研究，显示特定的肠道细菌失调会导致胰岛素抵抗。

他们在对75名糖尿病患者，和277名非患者的研究中观察到，具有胰岛素抵抗者，血浆支链氨基酸的浓度明显增加，并发现这与肠道内能合成这种氨基酸的主要细菌——普雷沃氏菌（*Prevotella copri*）和普通拟杆菌（*Bacteroides vulgatus*）——失调、过量有关。

试验证明，喂食老鼠普雷沃氏菌，不但它们血液中支链氨基酸的数量增加了，而且同时产生胰岛素抵抗与葡萄糖不耐受性，而未喂食普雷沃氏菌的对照组老鼠则无。

帕金森病

帕金森病乃是仅次于阿尔茨海默病的常见神经退行性疾病，主要表现在中枢性运动控制功能异常，典型的病理生理学变化即脑干多巴胺神经细胞（Dopaminergic neurons）的丢失。

这些年来，我们已渐渐发现，帕金森病是从肠道开始，扩散到大脑之后才发病；2016年《细胞》期刊上的一篇研究，便再次证明了帕金森病与肠道细菌的改变有关。

• 帕金森病与老鼠

美国加州理工学院比较了两组脑部已生成过多α-突触核蛋白（突触核蛋白异常是帕金森病的生物标志之一）的实验鼠：一组拥有正常的肠道菌群，另一组则是无菌鼠。试验表明，无菌鼠并没有出现帕金森病的症状，同时在跑步和爬杆等运动测试的表现上明显更好。

他们还发现，肠道细菌代谢产生的短链脂肪酸会启动小胶质细胞、增加错误折叠的α-突触核蛋白沉积，并使老鼠的行为改变。

随后，研究人员喂食一部分无菌鼠乙酸、丙酸、丁酸等短链脂肪酸，另一些无菌鼠则移植来自帕金森病患者粪便的肠道菌群——结果这些老鼠都出现了帕金森病的症状，血液中短链脂肪酸的数值也明显升高。

• 令运动机能恶化

这篇名为《肠道微生物相调解帕金森病模型中的运动缺陷与神经炎症》的论文结论就是：肠道细菌是帕金森病的重要推手！它们本身的或组成的变化会促进、甚至导致该病的主要症状——运动机能的恶化。

诚如该研究团队的主导者萨尔奇斯·马兹曼尼恩（Sarkis K. Mazmanian）所言，新发现意味着医师可以从肠道着手治疗帕金森病，譬如调节肠道短链脂肪酸、摄取益生菌或减少有害菌等，相较于现有的药物疗法，这种新的治疗策略要容易得多而且更加安全。

• 帕金森病与迷走神经

2017年，美国神经学会期刊《神经病学》上刊登了篇瑞典卡罗琳斯卡学院（Karolinska Institute）的论文，表明切断迷走神经的人，帕金森发病率较低。

——这可是帕金森病起始于肠道的又一有力的研究证明！

癫痫

近几年来，海峡两岸流行的减肥话题就是"生酮饮食（Ketogenic Diet）"。这是一种高脂肪、适量蛋白质和极低碳水化合物的饥饿疗法，这个类似昔日阿特金斯饮食（Atkins Diet）的瘦身方式，在学界同样充满争议，不过大家倒是都认可一点，那就是生酮饮食能有效地治疗俗称"羊癫风"的癫痫。

• 饥饿与癫痫

西方"医学之父"希波克拉底（Hippocrates）早就用饥饿的办法来对付癫痫患者了，而生酮饮食则是在20世纪20年代，主流医学才将它应用到临床上。迄今，事实证明其治疗癫痫的效果，并不逊于甚或略高于当下任何一型抗癫痫药，故现在也逐渐成为医界首选的疗法了。

我们都知道，肠道细菌与日常饮食关系密切，那么，生酮饮食会对它们造成什么影响呢？它们与生酮饮食的抗癫痫作用有相关吗？

• 不能治愈，但能降低发作

一项来自美国加利福尼亚大学洛杉矶分校的研究给出了答案。这篇于2018年5月24日刊登在线上《细胞》期刊的论文，揭示了以下五点：

（1）生酮饮食不但能在短时间内大幅改变普通癫痫老鼠的肠道菌群，而且其病情的发作也显著减少了。

（2）在无菌以及经过抗生素处理的两组癫痫老鼠身上，同样喂食生酮饮食，都不能阻止症状的出现。

（3）生酮饮食会使普通癫痫老鼠肠道内的阿克曼氏菌（*Akkermansia muciniphila*）、迪氏副拟杆菌（*Parabacteroides distasonis*）和梅氏副拟杆菌（*P. merdae*）等快速增殖，蔚为优势。"迪氏""梅氏"这两种细菌都可以抑制炎症。

（4）将这两属细菌交叉植入生酮饮食的无菌或抗生素处理后的癫痫老鼠身上，可遏止痼疾的重起。

（5）这两属细菌的富集能提升大脑γ-氨基丁酸（GABA）的含量，进而控制癫痫的症状。我们知道，γ-氨基丁酸是一种抑制性的神经传导物质，只要含量变少即会引起癫痫。

早年拙作中曾提到过癫痫，结尾有段文字讲道："双歧杆菌的抗癫痫作用机理，很可能还有其他重要的依据。"事隔十七个年头，这项由华人学者萧夷年（Elaine Hsiao）主导的名为《肠道细菌调节生酮饮食的抗癫痫效果》的研究，或足以弥补早年拙作的大片空白吧！

多发性硬化症

多发性硬化症是一种自体免疫疾病，即保护中枢神经细胞周围的髓鞘遭到破坏而脱落，导致身体瘫痪，患者中女性多于男性。

鉴于过去的几次群聚感染事件，学界一直怀疑多发性硬化症是由病毒引起的传染病，但迄今未能找到元凶；倒是这些年来的动物和临床试验都表明，肠道菌群失调，是引发中枢神经系统疾病的重要原因。如今已有不少研究显示，肠道细菌在防治多发性硬化症上，举足轻重。

• 菌群失调带来神经病变

2011年《美国胃肠病学杂志》（ *Am. j. Gastroenterol* ）曾报道，接受来自健康者的粪便菌群，能够显著改善患者的神经症状。《自然》期刊上也有篇德国的研究指出，肠道菌群失调是引起中枢神经脱髓鞘病变的有关因素。

还有如2015年美国加州理工学院的试验发现，肠道细菌失调会过度诱发促炎性的Th17细胞分化，进而促成多发性硬化症；日本国立精神和神经医疗研究中心也发现：多发性硬化症患者肠道内有十九种细菌明显减少，其中绝大多数是梭菌属（ *Clostridium* ）的细菌。

2016年刊登在《欧洲神经病学杂志》（ *European J. of Neurology* ）的一篇论文也指出，与炎症有关的肠道细菌增加和有抗炎作用的肠道细菌减少，都与多发性硬化症存在关联；《科学报告》（ *Scientific Reports* ）线上文章亦证实，患者肠道菌群的组合与健康人不同，较不好的细菌占优势，而有益菌群却不够；爱尔兰国立科克大学发表在《精神病转化医学》(*Translational Psychiatry*) 期刊的研究则揭示，肠道细菌或许会以调节髓鞘形成的方式，直接影响大脑的结构和功能。

• 微生态疗法是否可行？

多发性硬化症并无药物可治愈，那辅以微生态疗法有没有帮助呢？以下列举的文献堪供参考。

2010年《黏膜免疫学》(*Mucosal Immunol*) 期刊曾报道，肠道共生菌脆弱拟杆菌 (*Bacteroides fragilis*) 的荚膜多糖，可预防多发性硬化症。

2012年《自然评论：神经病学》(*Nature Reviews Neurology*) 的一篇研究报告显示，益生菌能有效缓解多发性硬化症的进程和改善患者的愈后情况。

2016年《美国临床营养学期刊》(*AJCN*) 上也有个随机双盲安慰剂对照的试验报告表明，益生菌使得多发性硬化症患者的症状显著减轻，并改善了病人的精神健康。

癌症免疫疗法

简单来说，免疫疗法就是利用自身免疫系统来治病的意思。癌症免疫疗法在2013年即被权威的《科学》杂志评为年度最重要的科学突破之一，乃是国际炙手的研究热点。我们必须了解，免疫疗法对抗癌症的效果，完全是要看肠道细菌脸色的！

• 肠道细菌之于免疫疗法

2018年1月首周出刊的《科学》杂志，封面故事就是"肠道菌群与癌症"。该期连登了三篇论文，不同研究团队通过PD-1抑制剂（一类能唤醒免疫系统、抵御肿瘤的抗体药物）对多种癌症患者的试验，均证实了肠道细菌在免疫疗法中的决定性影响。

第一篇是来自欧洲最大的癌症研究机构——法国的古斯塔夫鲁西研究所（Gustave Roussy）癌症研究中心，他们的临床试验对象是肺癌和肾癌等不同的上皮性肿瘤病人。结果揭示：PD-1抑制剂对肠道富有阿克曼氏菌的患者才会有效应，随后的老鼠试验更加确定其为关键角色。

另外两篇分别来自美国芝加哥大学和美国得克萨斯州大学，他们关注的都是皮肤癌。前者发现，肠道内属于瘤胃球菌科的柔嫩梭菌（Faecalibacterium）丰度高的人，才会对抗PD-1疗法有明显反应，免疫力也更强。而后者研究转移性黑色素瘤的结论表明，有良好反应的患者，肠道内长型双歧杆菌（*Bifidobacterium longum*）和屎肠球菌（*Enterococcus faecium*）等都更为丰富。再经老鼠试验，也确认了这些细菌的能耐。

• 临床的研究令人信服

其实在2015年时，法国里尔大学和美国芝加哥大学的研究人员，就有相关的动物研究同时发表在《科学》杂志上了。前者发现CTLA-4抑制剂（比抗PD-1早上市的一类、同为启动免疫力的抗体药物）治疗肿瘤的有效性，实与多形拟杆菌和脆弱拟杆菌的存在有关。后者则是肯定了双歧杆菌属在PD-1抑制剂抗癌中的地位。不过美国芝加哥大学这次的新作是人体试验，报告更具说服力。肠道细菌大大影响癌症免疫疗法的应答是毋庸置疑的。

你或已经注意到了吧！上述那些关键细菌，都是早就得到公认的肠道有益菌，由此也可以知道，它们是能从不同的方面来维护我们身体健康的。

因发现免疫细胞"刹车"分子pd-1（Programmed death-1）抑制剂，与其应用于癌症免疫疗法的贡献，日本京都大学客座教授本庶佑（Tasuku Honjo），荣获2018年度诺贝尔生理学和医学奖。

牛山濯濯

我们已经知道，皮肤干燥、指甲易碎和落发等病理现象，盖与生物素（Biotin）缺乏有关。

这种营养素亦称维生素H或维生素B_7，除了可以从白米、鸡蛋、肝脏、大豆以及洋葱等日常食物中摄取，我们肠道内有些细菌——譬如双歧杆菌——也擅长制造它们。

然而由肠道细菌产出的维生素，宿主能利用到吗？或只是提供给肠道内不事生产的细菌来吃而已？早年我在台湾与医院的营养师交流互动时，就常被问到这个问题。

• 日本的落发研究

日本庆应义塾大学医学院曾在《细胞报道》（*Cell Reports*）期刊上发表过一篇秃头症的相关研究，研究团队通过连串的动物试验发现：

（1）饮食中缺乏生物素的无菌老鼠会患上轻度的脱毛，而无特定病原体的普通老鼠则未发生。

（2）喂食普通老鼠抗生素万古霉素（Vancomycin），则肠道菌群失调、小鼠乳杆菌（*L. murinus*）过度生长，老鼠很快出现脱毛现象，而补充生物素可以反转症状。

（3）小鼠乳杆菌不能生产生物素，只会消耗生物素，若在肠道坐大，会促使生物素进一步缺乏，继而引发老鼠脱毛。

（4）缺乏生物素饮食的无菌老鼠，在摄入小鼠乳杆菌后，毛发脱落的情况加剧，老鼠几乎完全秃头。

（5）两组老鼠都给予含有标准生物素的食物，并额外添加小鼠乳杆菌，皆完全未见有脱毛迹象。

• 细菌的善与恶

这篇论文主要是在揭示秃头症与肠道细菌之间的关联性，不过也表明了肠道细菌生成的维生素，显然能被宿主和肠道内的其他细菌所利用。

我在前文提过，小鼠乳杆菌可以改善高血压，但如今在毛发脱落上，它也扮演了一个重要角色。由此亦可见，细菌的好与坏，确实是不能直接盖棺论定的！

 加油站

一般人可能不知道，防止秃头的古老疗法就是"去势"！手段虽很残忍，但有其科学依据：睾丸素在5α还原酶催化下产生的二氢睾酮激素，如果过量了就会出现脱发的现象。

用来治疗前列腺肥大的处方药物——非那利得（Finesteride）就是一种5α还原酶抑制剂，因此也有助于改善男性的脱发烦恼。

前列腺肥大的另类疗法也可应用在秃头症的医治上，那就是服用锯棕榈、亚麻籽油和锌补充剂，同样能见效。

硬皮病

硬皮病又称"系统性硬化症"，乃是一种从皮肤肿胀和变厚开始，随着病情发展，逐渐累及胃肠道、肺、心脏和肾脏等内脏器官的自体免疫性疾病，目前并无药物可治愈。

这种结缔组织病的源头虽然不是很清楚，但致病率和死亡率的主因皆与胃肠道功能的失调有关，至今已是医学界的共识。

• 菌群失衡引发症状

在2015年欧盟反对风湿病年度大会上，美国加利福尼亚大学洛杉矶分校的报告指出，肠道菌群失衡是硬皮病的特征之一。与健康者对照，患病者肠道能供应必须营养素的共生菌，例如拟杆菌属和柔嫩梭菌属的细菌，明显减少，而会致病的肠杆菌目（Enterobacteriales）和梭杆菌属（*Fusobacterium*）的细菌则增多。这篇报告显示了肠道菌群失调，会促成硬皮病的诸多症状。

2017年，该校与挪威奥斯陆大学的研究，再度获得相似的结论——这是首度在两个独立的硬皮病患者组群中，检查胃肠道细菌的构成。

• 硬皮病患者组群的比较观察

2017年的研究是以十七名美国患者、十七名健康者和十七名挪威患者为对象。结果表明，美国患者和挪威患者肠道中被认为能对抗发炎的细菌，数量都明显较低，例如两者拟杆菌属均较少；柔嫩梭菌属在美国病人中较少；梭状芽孢杆菌属（*Clostridium*）则在挪威病人中较少；而与健康组相比，促进发炎的细菌如梭杆菌属，在美国患者肠道内则显著增加。

两组患者的梭状芽孢杆菌属增加，则与胃肠道症状较轻微有关。不过，美国患者肠道的好菌和坏菌之间的不平衡，较诸挪威患者更为严重，这种差异推测可能与遗传和饮食都有关系。

这些研究应该有助于探明硬皮病的肇因，同时也提醒我们：若能从日常饮食调整和微生态调节剂等方法来修复肠道菌群的平衡，或许可以减少硬皮病患者的症状并改善他们的生活品质。

营养学家也建议每天摄取维生素D，这对硬皮症患者相当有助益。

类风湿性关节炎

2016年，著名的美国梅奥医学中心（Mayo Clinic）在《关节炎与风湿病》期刊和英国的《基因组医学》（*Genome Medicine*）期刊上，发表了两项肠道细菌与类风湿性关节炎相关的动物研究。

在第一篇论文中，研究人员发现口腔普雷沃氏菌（*Prevotella histicola*）可以明显减轻类风湿性关节炎的病情，相关症状发生的频率和严重性全都降低了，同时所产生的副作用也小很多。

第二篇论文中，他们找到了一种生物标志物——柯林斯氏菌属，它们在罹患类风湿性关节炎的老鼠肠道内丰度最高，并与关节炎的表现直接有关。柯林斯氏菌也会大量出现在动脉钙化患者的肠道中。

• 主流医学药物的疑虑

2014年，纽约大学医学院针对人类的类风湿性关节炎研究曾表明，肠道普雷沃氏菌（*Prevotella copri*）对于发病有决定性的介导作用。这个结果虽与梅奥医学中心的团队的动物试验不同，但也不足为奇，因为被学界列为嫌疑的肠道细菌向来不少，例如奇异变形杆菌（*Proteus mirabilis*）等都曾留下蛛丝马迹，只是在实验室里还没被逮到罢了。

早在20世纪90年代，研究人员就知道类风湿性关节炎与肠道通透性的增加密切相关，只要修复肠漏问题，就能缓解并改善患者的状况。矛盾且遗憾的是，主流医学用来治疗关节炎的非甾体抗炎药物，如阿司匹林、布洛芬或萘普生等，因为会干扰能保护肠道黏膜的前列腺素、致使肠道屏障出现缝隙，反而还可能加重了病情！

•肠漏症是一个关键

必须知道，肠道的渗漏主要与菌群失调有直接关联，肠壁通透性一旦增加，极易引起异常的免疫反应，若不幸启动促进发炎的第17辅助型T细胞（Th17细胞），那发生类风湿性关节炎的概率就会提高了。

梅奥医学中心便再次证实了过去所做的研究：类风湿性关节炎患者的肠道菌群显著失衡。因此我们认为治疗这项疾病，千万不要忽略调整菌群和修复肠壁这个根本的环节，否则将事倍功半，甚至徒呼负负！

骨关节炎

骨关节炎主要影响到承担体重的关节，譬如双脚、膝盖、臀部和脊椎等，因此肥胖的人罹患的概率，肯定要更大一些。

·十二周内消失的软骨

2018年4月即有篇《标定肠道菌群来治疗肥胖性骨关节炎》(*Targeting the gut microbiome to treat the osteoarthritis of obesity*)的论文，发表在美国临床调查学会主办的《洞察力》(*JCI Insight*)期刊上，大意是说：美国罗切斯特大学医学中心（University of Rochester）的研究者喂给老鼠类似芝士汉堡和奶昔等含高脂肪的食物，连续十二周后再对照低脂健康饮食的老鼠，结果显示：前者体脂肪百分比增加近一倍，不但明显肥胖，还患上了糖尿病。

研究团队发现，肥胖老鼠的结肠菌群是以促炎性的细菌为主，几乎完全缺乏有益菌的代表——双歧杆菌属（*Bifidobacterium*）。它们肠道细菌的这种变化，引发了包括骨关节炎在内的全身性的炎症。而对比健康老鼠，肥胖老鼠的骨关节炎进展得更快，所有软骨在十二周内就因磨损而消失殆尽。

·寡糖的效应更明显

随后，研究人员比较了在肥胖老鼠的高脂肪饮食中分别加入益生元纤维素（Cellutose）和果寡糖（Oligofructose）的效应，结果胜出者是果寡糖。寡糖对健康的好处，如今已经很清楚了：快速促进好菌增殖、抑制坏菌滋生，就是它的专长。

这篇文章也表明了，吃下加了果寡糖的高脂肪饮食的肥胖老鼠，原本缺失的关键细菌——假长型双歧杆菌（*Bifidobacterium pseudolongum*），丰度提高到千倍以上，大大排挤掉促炎性细菌。

这篇论文揭示了摄取寡糖，能逆转肥胖对肠道菌群组成的影响，有助于减轻疾病的症状。老鼠的体重虽然没有下降、关节仍承受同样负荷，但骨关节炎等身上所有的炎症反应，都明显缓解了。

关节炎与肠道细菌之间的联系，早在20世纪90年代初，学界就观察到了，这回通过对寡糖的研究，再次有力证明了二者互相牵动的关联性。

 加油站

　　必须知道，在日常饮食上，关节炎患者最好能避开茄科蔬菜，譬如茄子、马铃薯、番茄和辣椒等。由于这些食物都含有大量干扰钙质正常代谢的生物碱，吃了或许会加重炎症，以及抑制软骨的修复。不过每个人体质不一样，不能一概而论。

骨质疏松症

肠道细菌与骨骼也有关联吗?

动物试验已经证明,无菌老鼠即便缺乏雌激素,也不会骨质流失。这或许意味着,肠道细菌是参与骨代谢的。

• 补充肠道好菌可提升骨密度

2016年,美国埃默里大学(Emory University)与佐治亚州立大学的研究团队,在《临床观察》(*Clinical Investigation*)月刊发表了一篇论文,阐明了肠道细菌在调节肠道渗透性和雌激素减少、诱发炎症方面的关系,并指出摄取益生菌可以防止雌激素分泌下降所导致的骨质流失。

他们发现,割除卵巢的老鼠,因雌激素变少使得肠道的渗透性增加,肠道细菌因此启动了免疫系统,进而释放出引发骨质疏松的炎症信号。

通过喂食老鼠鼠李糖乳杆菌(*Lactobacillus* GG),研究人员观察到:有吃这种肠道好菌的无卵巢老鼠,骨质密度没有变化,但没吃的无卵巢老鼠的骨质密度竟降低了一半,而有卵巢的老鼠吃了,则是骨质密度增加。

• 益生菌和益生元好处多

其实这十几年来,类似的相关文献不少,也都揭示了肠道细菌在骨质疏松症中扮演举足轻重的角色。它们通过调控免疫系统状态，干预骨骼代谢，应对雌激素的不足。

各方科学家研究了双歧杆菌、罗伊氏乳杆菌、植物乳杆菌、瑞士乳杆菌等益生菌，以及益生元——寡糖，对骨代谢的影响，均显示出能帮助提升身体对钙的吸收、抑制相关炎性细胞因子（例如α-肿瘤坏死因子）、减少破骨细胞数量，与增加骨质密度等。

•有益菌能减少骨质流失

那么，肠道双歧杆菌等有益菌，是如何防止骨质疏松的呢？机制大概有以下几点：

（1）产生短链脂肪酸，溶解钙等矿物质而使身体容易吸收，降低副甲状腺激素的数值。

（2）产生植酸酶，可将谷物中被植酸所包覆的矿物质释出，让身体更有效地利用它们。

（3）产生生物活性肽，阻碍会抑制成骨细胞分化和矿化结节的血管紧张素的形成。

（4）能调节免疫细胞平衡、维护肠道屏障，降低发炎的反应，减少细胞因子的释放。

早年拙作中曾提过双歧杆菌可以预防骨质疏松症。如今已有更多报告，证实了肠道好菌的确能促进骨量的增加，防止或改善骨质疏松症状。毋庸置疑，这对停经的妇女朋友们来说，可是一大利好呢！

加油站

　　鼠李糖乳杆菌（*L. rhamnosus* GG, LGG），乃任教于美国塔夫茨大学（Tufts University）的舍伍德·戈尔巴赫（Sherwood Gorbach）和巴利·格登（Barry R. Goldin），在1983年于健康儿童肠道里发现的，遂以这两位学者姓氏的第一个字母命名，后来菌株的专利权由芬兰瓦利奥（Valio）乳业食品公司取得。

　　LGG是享有盛名的益生菌，向来以能有效防治腹泻和增强免疫著称。2015年，美国马里兰大学（University of Maryland）的研究还指出，该菌可扮演推进者的角色，来修复其他肠道细菌的活性、促进双歧杆菌属等有益菌生长。

肺病治肠

我国传统中医向来就有"肺病治肠"之说，而当代微生态疗法则可以验证先贤的这套理论。

• 呼吸道中的细菌

人类身上有皮肤、呼吸道、肠道和生殖道这四大菌库，目前研究得较少的，即属呼吸道中的肺部。医学教科书说健康的肺部没有细菌，事实不然，细菌主要来自口腔，其中最常见的就是链球菌、普雷沃氏菌和韦荣氏球菌属的细菌。

或许是支气管的纤毛运动等使然，细菌想要进入肺里落地生根确实是件不容易的事，因此肺部的常驻菌明显少于口腔。美国密歇根大学的格里·胡夫纳格尔（Gary B. Huffnagle）专注于研究肺部菌群十多年了，他就估计过，肺部微生物群系的密度大约为口腔微生物群系的千分之一，和肠道菌群相比则更少了，约为亿分之一到百万分之一。

• 入侵肺部的肠道细菌

美国密歇根大学医学院是研究肺部正常菌群的重镇，领军人物除了胡夫纳格尔，还有罗伯·狄克森（Robert P. Dickson）。这些年下来，他们确认了肺部菌群对呼吸道健康的重要性，揭示肺部炎症常伴随着肺部菌群组成的改变，以及囊性纤维化和肺气肿等慢性肺疾，实与抗生素干扰在肺部定居的细菌有关。

20世纪50年代的动物试验就已显示，在治疗重症加护病房的患者之前，若先用抗生素处理肠道细菌，可以预防肺部的损伤、降低死亡风险。

狄克森等人于2016年7月在《自然微生物学》（*Nature Microbiology*）发表的一篇《浓毒症和急性呼吸窘迫综合征患者肠道细菌对肺部细菌的强化作用》，即证实了重症病人肺中会出现肠道的细菌，并随着病情发展，侵入的细菌增多，清楚表明肠道细菌与肺部疾病的关联性。

他们认为，常规疗法无法提高重症加护病房患者的生存率，因为病根出在肠道和肺部的菌群紊乱，设法维持正常的菌群平衡，才能拯救命悬旦夕的病人。

• 肺与大肠相表里

纽约西奈山伊坎医学院（Icahn School of Medicine at Mount Sinai）刊登于《实验医学杂志》（*The Journal of Experimental Medicine*）上的一项针对免疫球蛋白A的研究，则另阐明了肠道细菌在调节肺部免疫功能中所扮演的重要角色。

或许受到固有的"肺与大肠相表里"学说的启发，中国学者在这个领域下的功夫亦不遑多让，成都中医药大学等学府的研究，早就指出肺肠菌群的对应规律性变化，不是同步增多，就是同步减少，肺病既及肠，肠病也及肺。

今天虽然还没有可直接用于调整肺部菌群的微生态制剂，但透过控管肠道这座最大的菌库，依然也能够达成目的，这便是"肺病治肠"理论的体现。

格里·胡夫纳格尔曾出版科普书——*THE PROBIOTICS REVOLUTION*，值得一读。

压力山大

我们在日常生活中时常会听到"压力"一词，显见对现代人来说，压力如影随形，无所不在。

尽管每个人对压力的反应千差万别，不过如果长期处在压力之下，势必耗损身体生理系统，严重伤害全身健康。2004年，美国国家科学院的研究就指出，压力对生物体的影响，可直达基因的层次！

因此，我们置身在这么高压的时代里，必须学会减压和抒压，以求降低伤害程度。诚然，放松身心的手段不胜枚举，端视个人选择，而其中一招就是食物了。去吃顿美食、放松一下自己，可是很多人的经验，不是吗？

• 高纤维食物与压力

有个相关研究就刊登在英国《生理学杂志》（*The Journal of Physiology*）上。这篇由爱尔兰国立科克大学（University College Cork）著名神经学家约翰·克莱恩（John F. Cryan）等人发表的论文，表示摄取高纤维食物可以减轻压力对我们的影响。

研究团队首先喂给老鼠短链脂肪酸，再将它们暴露于压力下。经过测试之后发现：老鼠的压力和焦虑行为都显著降低了，肠道渗漏现象也同时获得了改善。

• 短链脂肪酸

研究人员指出，短链脂肪酸是人体重要的营养来源，包括了：甲酸、乙酸、丙酸、丁酸、戊酸、己酸和乳酸等，是肠道细菌发酵高纤维食物如谷物、豆类和蔬菜等所产生的代谢物质。

尽管短链脂肪酸的减压效应机制还有待探明，但压力下降能逆转肠漏症则不难理解，因为：

（1）促使压力降低的短链脂肪酸中的丁酸就是滋养肠道黏膜细胞的关键营养素。

（2）随着压力减轻，压力激素皮质醇分泌减少，原本被它抑制的黏膜组织守卫者——免疫球蛋白A（IgA）也就活跃起来了。

须知压力的影响是受到个人思维、态度和信念左右的，而我最喜欢的减压方式就是去卡拉OK唱唱歌了。请问：好几年前流行的那首"压力山大"，不知你听过没有？

 加油站

皮质醇（Cortisol）是紧跟压力而来的最主要的压力激素，若过度分泌、长期偏高，将会促进代谢综合征、削弱免疫反应、摧毁大脑细胞。压力的可怕即因为有它长伴左右。

皮质醇的英文音译"可的松"，堪称神来之笔！因为这种激素过高的话，会使身体代谢一直处在分解作用下，进而导致器官功能和结构产生改变，确实可以让身体松垮掉！

运动带来好菌

俗话说，"一天舞几舞，长命九十五"。

众所周知，运动或者说锻炼，对我们身心好处多多。世界卫生组织（WHO）日前即指出，全球有超过十四亿人因缺乏运动而面临健康风险；美国著名的克利夫兰诊所（Cleveland Clinic）的一项回顾性研究亦揭示：与积极锻炼的人相比，久坐不动的人的死亡相关的风险值要高出500%！与定期锻炼的人相较，偶尔锻炼者的风险值也高出了390%。

• 运动固肠

肠道细菌与健康和疾病方方面面的关系，科学家们现在已陆续发掘出来了，但涉及运动效应的议题，迄今为止毕竟还是少见。在其他拙作里，我曾提过爱尔兰国立科克大学和美国科罗拉多大学的有关研究，不管试验对象是人还是鼠，结果都不谋而合：运动可以增加肠道细菌的多样性，以及更高含量的有益菌群。

如今，两项新的研究也验证了上述的结论。由美国伊利诺伊大学主导的研究团队在《肠道微生物》（*Gut Microbes*）等期刊上刊出的论文表明：不需要依赖饮食或其他因素，光靠运动即能改善肠道菌群的组成；比起久坐者，运动者拥有更裨益健康的肠道微生物环境。

第一项研究是针对老鼠的。他们将运动老鼠和久坐老鼠的粪便，分别移植到久坐的无菌老鼠肠道内，结果发现：无菌老鼠很快就建立起自身的肠道菌群，而接受运动老鼠粪便移植者，相较于接受久坐老鼠粪便移植者，肠道内产生丁酸的细菌比例更高，对溃疡性结肠炎更具有抵抗力。

• 人体试验

第二项是研究有氧运动对瘦的和胖的久坐成年人的影响。在饮食如常条件下，以六周为一轮，他们追查了受试者从久坐转换到定期锻炼的生活方式，以及再重返久坐习惯时的肠道细菌变化。结果显示：运动促使产生丁酸和其他短链脂肪酸的肠道细菌比例升高，这些变化在瘦者身上最为显著，胖者则只是适度。与此相应的是无论胖瘦，运动后粪便中的短链脂肪酸，特别是丁酸的浓度都明显增加，但受试者恢复到久坐的生活方式时，短链脂肪酸的数值又下降了。

我相信，人体整个生理活动，都有肠道细菌的参与，如果肠道是益菌称王，那我们就会感到身心舒畅；若是坏菌称霸，则将病痛不断！而运动即会带来肠道内较多有利于宿主的细菌，这就是运动之所以能有益健康的根本道理！

加油站

肠道产生短链脂肪酸的主要细菌概览

菌属	主要发酵产物
拟杆菌属	乙酸、丁酸
双歧杆菌属	乙酸、乳酸、甲酸
优杆菌属	乙酸、丁酸、乳酸
瘤胃球菌属	乙酸
消化链球菌属	乙酸、乳酸
梭菌属	乙酸、丙酸、丁酸、乳酸
乳杆菌属	乳酸
链球菌属	乙酸、乳酸

4

肠道细菌与饮食

合生元

结肠食物

结肠食物，或者说结肠食品，指的是不能或几乎不会被人体消化酶分解处理的、进入肠道后可为肠道细菌利用的物质。

当今最具代表性的结肠食物，自是非膳食纤维莫属了，因此膳食纤维堪称是肠道众多细菌赖以维生的重要粮食。

• 莫让肠道细菌挨饿

美国密歇根大学医学院与卢森堡健康研究所联手进行了一项试验：首先，他们将十四种通常生存在人类肠道中的细菌，移植入培育的无菌老鼠的肠道中，然后设定了三种食物：

第一种是含有15%膳食纤维的食物，它们来自粗加工的谷粒和植物；

第二种为富含益生元纤维（Prebiotic fiber）的食物，是类似膳食补充剂的纯水溶性膳食纤维；

第三种则是不含任何膳食纤维的食物。

研究人员将这三种食物分别喂给老鼠，同时利用一样会令人类致病的大肠杆菌使其感染。试验结果表明：

（1）摄取第一种食物的老鼠，它们的肠道黏液层厚度保持不变，肠道感染的程度轻微。

（2）摄取第三种食物的老鼠，肠道内一些细菌会分解由糖蛋白构成的黏液层，使其变薄，肠道发炎的区域扩张。

（3）摄取第二种食物的老鼠，肠道内的状况与吃第三种食物者相似，黏液层也会逐渐被细菌侵蚀。

我们知道，肠道细菌是依靠宿主吃进的食物来营生的。由此可见，如果国人的饮食内容时常缺乏膳食纤维，就会让肠道细菌处在饥饿状态，进而使得能分解黏液层的细菌大量增加，导致肠道屏障受损，引发诸多疾病。

• 膳食纤维不完全等于益生元

不过，膳食纤维并非都是益生元，这是两个不同的概念，却常被混为一谈。必须知道，膳食纤维没有选择性，肠道细菌不管好坏大都能利用它；益生元虽然也属于结肠食物，却不被人体消化和吸收，是能够有选择性地被宿主肠道内的一种或几种益生菌发酵利用，从而促进这些益生菌生长繁殖的物质。在这篇发表于2016年11月《细胞》（*Cell*）上的论文中，第二种食物的试验结果竟然会和第三种食物类似，或许与品质良莠有关吧！

 加油站

结肠食品与益生元概览表

名称	结肠食品	益生元
抗性淀粉	√	×
膳食纤维		
半纤维素	√	×
果胶	√	×
非消化性寡糖		
低聚果糖	√	√
低聚异麦芽糖	√	√
低聚半乳糖	√	√
大豆低聚糖	√	√

白藜芦醇

我在其他作品中曾介绍过"膳食多酚（Dietary polyphenols）"。红酒就是膳食多酚含量很高的食物之一，其主要成分白藜芦醇（Resveratrol），想是关注养生保健的人都听说过的。

• 法国矛盾

法国人虽爱吃高脂肪的鹅肝和富含奶油的食品，但心脏病的发生率却比英国人、美国人来得低，此即著名的"法国矛盾（French Paradox）"，而其护身符就是白藜芦醇！因为他们平时也很喜欢喝红酒。那么这种抗氧化剂是怎样发挥作用的呢？

这些年来，我们已经知道肠道细菌在心血管疾病中所扮演的角色。2016年4月《分子生物技术》（*mBio*）所刊登的一篇由重庆第三军医大学发表的论文，则是首次探明了白藜芦醇能改变肠道细菌，从而减少心脏病发生风险的机制。

研究人员在进行一系列的老鼠试验后有如下发现：

（1）白藜芦醇能降低会促进动脉硬化的氧化三甲胺（Trimethylamine oxide）数值。

（2）白藜芦醇能抑制肠道细菌产生三甲胺（氧化三甲胺的前驱物）。

（3）白藜芦醇能重塑肠道菌群，包括减少厚壁菌门与拟杆菌门细菌之间的比值，抑制普雷沃氏菌属（Prevotella）的生长，以及增加拟杆菌属、乳杆菌属、双歧杆菌属和阿克曼氏菌等的相对丰度。

白藜芦醇是1939年、日本从白藜芦的根部发现而得名的，在葡萄和花生中含量丰富，迄今相关的研究文献很多，主要具有抗肿瘤、抗发炎与抗凝集等功能；又因它的化学结构与雌激素己烯雌酚非常相似，可以竞争其受体的结合空间，故也是一种植物性雌激素，是当前很热门的健康食品。

 加油站

2015年，美国马里兰大学在《食品科学期刊》（Journal of Food Science）上发表的研究指出，每天吃一把五十克的红衣花生仁，或者是去皮花生粉，可以显著促进肠道酪蛋白乳酸杆菌（Lactobacillus casei）和鼠李糖乳杆菌（Lactobacillus rhamnosus）等有益细菌增长，维持肠道的健康。

研究人员分析认为，这种效应的关键当是花生里富含的白藜芦醇。不过他们也发现，花生的皮会抑制好菌，原因则待查。

三氯生

　　我曾提醒读者含有广谱抗菌成分的清洁物品将会改变环境和肠道固有菌群、破坏生态平衡，进而引发疾病。

　　当前在上千种抑菌或杀菌的护理用品中，最常见到的人工化合物就是三氯生（Triclosan）了，它在全球的广泛应用已超过三十年。三氯生又称"三氯沙"，其实对很多人来说并不陌生，有些牙膏、沐浴乳、洗发精和护肤霜等都含有这种防腐剂。

·连好菌也一起消灭

　　三氯生具有亲脂性、持久性、生物累积性以及激素作用。早年因囿于研究方法之不足，一般认为三氯生不会影响人体健康和生态环境；但随着现代科技的精进，负面结果的报告陆续出炉，如今其安全性日益受到质疑，很多国家已开始对三氯生的生产和使用予以立法规范了。

　　以下介绍两项由华人学者主导的相关研究，以飨读者。

　　美国麻省大学杨海霞等研究团队发表在《科学转化医学》期刊上的论文指出，三氯生会改变老鼠肠道菌群，有益细菌如双歧杆菌属等数量降低，能致使结肠炎与大肠癌的发生。

　　研究人员发现，喂给无菌老鼠相当于人类血液浓度的三氯生，对它们并不会产生任何效应，正因三氯生擅长抑杀细菌，显然其危害显示在肠道细菌的变化上。这项研究可与2016年美国俄勒冈大学刊登在美国公共科学图书馆期刊*PLOS ONE* 的一篇论文相辉映。美国俄勒冈大学将斑马鱼暴露于含有三氯生饮食与不含三氯生的饮食对照试验中，显示三氯生会引起斑马鱼肠道菌群结构的变化，继而改变细菌种类的丰度，特别是肠道杆菌更易受到它的影响。

• 家庭废水扩大灾难

早在20世纪90年代，就有报道指出，葡萄球菌属会对三氯生产生抗性。澳大利亚昆士兰大学郭建华等人在英国《国际环境》（*Environment International*）上的一项研究则更强有力证明，大家每天使用的个人护理产品中的三氯生，正经由家庭废水的排放，加速全球抗生素耐药性的传播！

2012年，美国食品与药物管理局（FDA）还公开提及，三氯生虽多少会影响动物的激素，但尚无试验资料证明其对人类有害处。然而不知何时，美国已明令禁止在抗菌肥皂里添加三氯生了。

Ω–3脂肪酸

一直在健康产业中很红的Ω–3多元不饱和脂肪酸的保健功效几乎是全方位的，其中荦荦大端者包括了：

（1）降低血脂肪，控制血压，维护心血管健康。

（2）促进脑部发育，提升大脑功能，预防失智症。

（3）改善胰岛素耐受性，防治糖尿病与其病变。

（4）协助治疗慢性肾炎、肾结石等各种肾脏病。

（5）抑制身体内部慢性炎症，减轻癌症等的风险。

•针对中老龄妇女的研究

2017年《自然》杂志子刊《科学报告》刊出一项英国诺丁汉大学和伦敦国王学院的研究，表明摄取Ω–3脂肪酸能改进肠道细菌的组成和多样性，使得肠道菌群更加健康。

研究人员招募了876名中老年志愿女性进行队列研究，结果显示饮食中Ω–3脂肪酸摄入较多，且血液里这种不饱和脂肪酸标准越高的妇女，肠道细菌的种类也就更为多样。我们都知道生物多样性的重要性，肠道细菌愈是多样化，身体当然就会愈健康！

他们还特别指出，Ω–3脂肪酸能促使毛螺菌科（Lachnospiraceae）的菌属增加，这个细菌家族是公认能够降低炎症和肥胖症风险的。

• N-氨基甲酰谷氨酸

研究团队在进一步探索后也发现，血液中高含量的Ω-3脂肪酸，亦与肠道内高含量的N-氨基甲酰谷氨酸（N-Carbamylglutamte）有关联。他们认为可能是Ω-3脂肪酸在肠道内的效应，诱导了细菌制造出这种化合物。N-氨基甲酰谷氨酸可视作一种抗氧化剂，因能促进精氨酸合成和肌肉增长，乃是时髦的健美产品的主要成分。

Ω-3脂肪酸主要包括"二十碳五烯酸（EPA）"与"二十二碳六烯酸（DHA）"，富含于鲑鱼、鲭鱼、秋刀鱼、沙丁鱼、鳟鱼、鲔鱼和鲣鱼等深海鱼类之中。无疑Ω-3脂肪酸会因这项最新的研究而受到更多青睐！我们若常吃鲜鱼，健康无虞，又何乐而不为呢？

 加油站

美国心脏学会建议并鼓励民众每周至少吃上两次鱼油，而已患有心脏病者的食用量应该加倍，一天需要摄取1000毫克的分量。

市售鱼油有天然的与合成的两种，人体对前者的吸收率远高于后者。两者分辨方法倒也简单，只要会令一块泡沫塑料腐蚀溶洞的，那就是合成的鱼油了。

类黄酮素

我在早年的作品中已对类黄酮素（Flavonoids）有所着墨了。

• 植物界里的天然药物

类黄酮素是一群存在于植物界的天然化合物，为数至少在四千种以上，它们具有多种生物活性，古代的人早就当作药物来使用了。

根据各方研究，原被泛称为"维生素P"的类黄酮素，能抗氧化、抗菌、抗炎、抗肿瘤，以及控制一氧化氮，促进血液循环和激素调节等。不过，这些对人类健康的诸多好处，完全要靠肠道细菌帮忙才得以实现！

• 从肠保护到肺

2017年《科学》期刊就有篇来自美国和俄罗斯研究人员合作的报告，阐明了类黄酮素如何抵抗流感所导致的严重肺部损伤（例如急性肺炎）。

他们的试验发现，肠道内的圆环梭菌（*Clostridium orbiscindens*）会降解类黄酮素，从而产生去氨基酪氨酸（Desaminotyrosine），这种代谢物能增强α-干扰素的免疫反应信号，进而阻挡与流感相关的肺部组织伤害。

研究人员先让老鼠服用去氨基酪氨酸，再使它们染上流感病毒，结果这些老鼠的肺部损伤相较于未服用去氨基酪氨酸的老鼠轻微很多，尽管两方的病毒感染还是同属一个阶段，程度也不相上下。

• 可以多吃的蔬果

其实，我们肠道内有能力转化类黄酮素的细菌众多，圆环梭菌只是其中之一，这类通称"槲皮素降解菌"的细菌有好多种，已经有研究的包括细枝真杆菌（*Eubacterium ramulus*）、海氏肠球菌（*Enterococcus hirae*）和迟缓埃格特菌（*Eggerthella lenta*）等。

我们平日的饮食里就富含类黄酮素，常见的如茶叶、红酒、葡萄、苹果、樱桃、柑橘类、菠菜和洋葱等，均有之。诚如上述论文所建议的，大家在流感季节到来时是应该多吃一些这类食物，不过，因为每个人的肠道细菌组成不同，如果肠道内缺乏代谢类黄酮素的相关细菌，或者相关细菌活性不足，也无法寄望会有什么成效了。

加油站

常见类黄酮素一览表

名称	说明
黄酮素	如芹菜素，含于甜椒和芹菜之中
二氢黄酮素	如橙皮素、柚苷素，乃柑橘类特有成分
黄酮醇类	如槲皮素、芦丁，广泛存在蔬果之中
黄烷醇类	主要为儿茶素，含于茶叶、红酒、巧克力之中
异黄酮类	如染料木黄酮、黄豆苷原，主要存在于豆类之中
花色素类	不同植物含量不等，主要是植物中的色素

维生素A

　　由于夜盲症，维生素A是最早被发现的维生素，所以也称作"视黄醇"。这种营养素主要存在于动物肝脏中，由此亦可证明，传统中医讲"清肝明目"是有科学依据的，只是古人知其然而不知其所以然罢了。

·成长不可或缺的微量营养素

　　维生素A是儿童生长发育过程中不可或缺的微量营养素，国内外对它的缺乏与消化道或呼吸道感染性疾病的关系已有不少探讨 。2016年，重庆医科大学附属儿童医院在日本《临床生物化学与营养学》双月刊上的两篇研究，算是其中较新的发表了。

　　第一篇论文是针对小儿迁延性腹泻患者，补充维生素A和锌剂的调查——早在2001年，孟加拉学者即做过类似的研究——其实在儿童腹泻时补充维生素A，在医界已经行之有年，世界卫生组织也推荐患者补充锌，因为锌能促使肝脏释出维生素A。研究团队将160名小儿迁延性腹泻患者随机分成四组：A组每日补充维生素A；B组则补充锌；C组给予维生素A加锌；D组则不给补充剂。

　　结果表明，不管是单独服用维生素A还是服用维生素A加锌的补充剂，两者都能提升血清维生素A的含量，并改进贫血和排便，而后者疗效尤佳，可以缩短腹泻的持续时间，以及明显改善儿童患者的营养状况。

• 致病的失衡环境

2009年，以色列希伯来大学的动物试验已显示，维生素A缺乏会造成肠道菌群失调、乳杆菌属细菌减少，而大肠杆菌的数量增加。重庆医科大学附属儿童医院在第一篇论文中曾指出，缺乏维生素A的小儿迁延性腹泻患者，肠道菌群失调的发生率为80.77％，维生素A含量正常的患者是56.50％。该院第二篇论文，即在验证维生素A缺乏与菌群失调的相关性。

这次，研究人员对比和鉴定了59名小儿迁延性腹泻患者，其中30名缺乏维生素A，29名正常。研究发现，缺乏组肠道菌群的多样性比正常组低，制造丁酸的细菌——主要是酪酸梭菌（*Clostridium butyrium*），明显减少，条件致病菌——主要是粪肠球菌（*Enterococcus faecalis*），则高居优势地位。

必须知道，腹泻原本就意味着肠道菌群紊乱，维生素A缺乏无疑是火上浇油，令病情更严重了。不过由于研究对象都是腹泻患者，论文中大肠杆菌占比不是第一就是第二，便不奇怪了。

为何维生素A缺乏也会破坏肠道菌群的平衡？维生素A是维持肠道黏膜上皮细胞更新和修复损伤的必须营养素之一，若是不足就会降低肠道屏障的功能、削弱肠道黏膜的免疫力，引发肠道感染性疾病，进而造成肠道菌群比例的失调。

 加油站

瑞典隆德大学（Lund University）的研究指出，维生素A与糖尿病有关，其在胰岛B细胞发育早期扮演着重要角色，或可改善胰岛B细胞的功能。

研究团队发现，胰岛B细胞表面有维生素A的受体，动物试验显示：

（1）若部分阻塞维生素A的受体，再用糖类来刺激胰岛B细胞，那细胞分泌胰岛素的能力就会弱化。

（2）在维生素A不足的情况下，胰岛B细胞对炎症的耐受性会降低，若完全缺失，细胞就会死亡。

这项研究或可用来解释Ⅰ型糖尿病发生的原因。

维生素D

这些年来，维生素D是国外热烈讨论的微量营养素，维生素D不足与许多慢性病的发生和发展密切相关。

• 堪称全方位的营养素

维生素D在人体内有诸多关键功能，除了是众所周知的钙质搬运工，有益骨骼健康外，它还参与了多种细胞如免疫细胞、血管内皮细胞等的正常运作，所以与慢性炎症和心血管疾病都有关联。

尤其是维生素D能影响两百个以上的基因，而它们都能防治糖尿病和新陈代谢综合征。2017年《心理学前线》（*Frontiers in Physiology*）期刊刊登的一篇四川大学与美国著名的锡安山医学中心的动物试验指出，维生素D缺乏是老鼠罹患高脂饮食所引起的代谢综合征的必要条件。同时还发现，高脂饮食会明显影响肠道不同菌群之间的数量平衡，导致脂肪肝的发生并使老鼠血糖升高。

• 维生素D不足加剧菌群失衡

其实从过去完全根据观察比较的研究文献里，医界就已知道维生素D可以改善包括糖尿病和心脏病在内的代谢综合征了，而高脂饮食破坏肠道细菌生态，也早就是一种"肠"识。

这份报告的吸睛之处在于，研究人员发现：维生素D的不足会加剧肠道菌群的失衡，进一步促成全面的脂肪肝和代谢综合征！

他们观察到，维生素D缺乏会减少肠道防御素（Defensins）的分泌。必须知道，防御素是小肠潘氏细胞（Paneth cell）制造的，乃是一类对抗外来微生物入侵的多肽，也是维持健康肠道菌群所必需的抗菌分子。

正如研究人员所料，让老鼠口服人工合成的防御素，能够恢复维生素D不足老鼠的肠道细菌平衡，并在一定程度上降低它们的血糖、改善脂肪肝。

由此可知，维生素D与肠道细菌相互之间也有牵连；它不愧是一种能从头补到脚、从外补到内的营养素呢！

 加油站

　　英国埃克塞特大学（University of Exeter）医学院的研究指出，血液中维生素D浓度低于25纳摩尔每升（nmol/L），罹患失智症的风险就会上升；若能维持在50纳摩尔每升以上，对大脑健康较有益。而维生素D中度缺乏的六十五岁老人，罹患失智症的风险会提高53％，维生素D重度缺乏者的罹患风险则高达125％。

　　研究团队认为，维生素D或许有助于脑细胞摆脱失智症主要的病理特征——β-淀粉样蛋白的困扰。随后不久，美国加利福尼亚大学大卫格芬医学院（David Geffen School of Medicine）的研究就予以证实了。他们通过试验发现，维生素D或Ω-3脂肪酸都会促进巨噬细胞吞食β-淀粉样蛋白，抑制由这种废物所引起的脑细胞死亡。

▌食品添加剂

现代人的饮食很难避开食品添加剂。当然，每种合法的食品添加剂都会规定最高使用剂量以策安全。不过，它们对肠道细菌的影响却被忽略了。大家可要记住：人体表里的细菌都是我们的生命共同体。

今天就举乳化剂和防腐剂这两种应用广泛的食品添加剂作为例子，从肠道细菌的观点来看，它们并非只要依法限量使用就能吞进肚子里，还可高枕无忧的。

·乳化剂和防腐剂

乳化剂的作用是在使油和水容易混合，让食品产生均匀稠度。美国埃默里大学的动物试验就显示，光是喂食老鼠低浓度的聚山梨醇酯和羧甲基纤维素钠等这类常用的乳化剂，即会降低肠道细菌的多样性，分解肠道表面的黏液层，破坏肠道屏障，使得肠道细菌更易与防守在邻近的免疫细胞接触，从而引起发炎反应。结果原本健康的老鼠逐渐变胖，最后出现了代谢综合征。

防腐剂顾名思义，是用来抑制细菌滋生的物质，可说是肠道细菌的毒药。日本国内著名的教会大学——青山学院大学——曾用山梨酸这种最普遍的食品添加剂做过试验。研究人员先在琼脂中放进会使食物腐败的细菌，再加入浓度很低的山梨酸液，结果腐败菌全然不会增殖。由此便能想见，若吃下了肚子，肠道内的细菌岂不也遭殃吗？

• 需要休养生息的肠道

美国马萨诸塞州大学利用另一种常见的食品防腐剂——聚赖氨酸——所进行的老鼠研究亦表明，在喂食五周后，它们的肠道菌群出现显著变化，显示聚赖氨酸对肠道细菌的干扰。

虽然研究人员观察到，在第九周时，老鼠的肠道菌群又恢复了正常，但这毕竟是场"关起门来"的试验，在现实生活中，除非饮食里都不含防腐剂，否则已经失衡紊乱的肠道菌群，哪有休养生息的机会呢？

所以我们大概可以了解，即便日常接触到的食品添加剂合乎法令规范，只要在规定的剂量下使用可保安全无虞，但问题是这些化学制品可能会伤害到肠道的正常菌群。

请了解，肠道微生物群落的组成型态若发生变化，就会影响到整个身体的健康状态，所以基于这个认识，诚如美国食品安全权威儒斯·温特（Ruth Winter）所言："吃不吃食品添加剂，这完全是公众自己的选择。"大家最好还是克制一下，尽量少吃些色、香、味俱全的现代加工食品吧！

悬浮微粒

2013年，《美国国家科学院院刊》（*PNAS*）发表的一份报告指出，由于空气污染，人类的平均寿命或许已经缩短了五年半；2018年，美国得克萨斯大学的最新研究也指出，悬浮微粒污染导致全球人类平均减寿约一年。

· PM2.5的杀伤力

众所周知，大气污染物中，最伤害身体的即属细悬浮微粒（Fine particulate matter），也就是直径小于或等于2.5微米的悬浮物质，通常称为PM2.5。它在空气中含量浓度越高，就代表空气品质和能见度越低。

我们已经知道，有不同来源与成分的悬浮微粒，除了能间接影响气候变化之外，因其容易沉积在细支气管和肺泡，并会进入血液循环，故长期暴露其中还将引发呼吸道和心脑血管的疾病。

那么，悬浮微粒的危害，也会波及与我们共生的体内细菌吗？

· 催生超级细菌的微粒

加拿大阿尔伯塔大学（University of Alberta）的研究即曾指出，空气传播的污染物或环境的微粒物质一旦进入人体，就会破坏整个肠道的微生态，包括改变肠道菌群的结构与功能、降低短链脂肪酸浓度，进而使得肠道发炎并使肠壁的通透性增加等。近日英国莱斯特大学（University of Leicester）的试验也证实，肺炎链球菌和金黄色葡萄球菌这两种常导致肺部疾病的细菌，在含有来自柴油发动机烟雾的炭黑溶液中，细胞壁会变厚而且难以分解。换言之，炭黑微粒可能催生超级细菌，使得抗生素无用武之地。

而复旦大学一篇发表在权威的《粒子与纤维毒理学》（*Particle and Fibre Toxicology*）期刊上的论文，则进一步证实了悬浮微粒可通过改变肠道细菌的组成，损害到宿主的葡萄糖代谢功能、提高糖尿病的发生率。

世界卫生组织日前（2018年5月2日）发布数据表示，悬浮微粒PM2.5等造成的大气污染，现在全球范围内持续蔓延，估计每年导致约七百万人死亡。

如果你已意识到每天吸入或随食物吃进的悬浮微粒，势将危害身体运动、循环、呼吸、消化、泌尿、生殖、神经、内分泌、皮肤和肠道细菌等十大生理系统的话，那么对这样高的死亡数值，应该不会太惊讶吧。

 加油站

悬浮微粒（PM）依据直径大小的不同，可分为粗悬浮微粒PM10（2.5～10微米）、细悬浮微粒PM2.5（0.1～2.5微米）和超细悬浮微粒（小于0.1微米）。

悬浮微粒粗细与其在肺部的沉积总量呈反比，直径大于十微米者易被黏液和纤毛排除；直径小于十微米的则会进入下呼吸道，从而影响全身。

鸡的仁德

俗话说，"鸡叫三遍，鬼神收场"。

古代人对鸡儿是满怀敬意的，所谓"六畜日"，年轻世代知道的恐怕不多了。每年农历正月初一就是鸡日，初二狗日，初三猪日，初四羊日，初五牛日，初六马日，得到初七才是人日。这种习俗突显了家畜在农业社会里的重要性。

• 五德之禽

西汉韩婴的《韩诗外传》里提到，鸡具有文、武、勇、仁、信等五德，因此一向有"五德之禽"的美誉。那么鸡的"仁"德又体现在何处呢？我认为或许是在医疗保健上吧！

古老的《神农本草经》上记载了一味药，名为"鸡屎白"，亦即鸡粪上白色的部分，传统上就是用来治疗痛风的。

鸡汤则可滋补身体，科学研究指出，鸡汤里的半胱氨酸成分，能抑制中性粒细胞活性，缓解发炎、减少呼吸道黏液分泌，对治疗感冒确有疗效；人工合成的"乙酰半胱氨酸（Acetylcysteine）"，不就是一种专门降低痰液黏滞的西药吗？

• 理想的营养库

　　鸡蛋也被专家誉为"理想的营养库"，几乎含有人体所需的全部养分，营养价值堪称排名第一，每天吃一两颗鸡蛋对健康只有好处。而在医学上，鸡蛋从1930年起就被利用来培养病毒、制造疫苗，更厥功甚伟。

　　那么鸡肉呢？过去曾有报告指出，大肠息肉切除的人，若将饮食中的红肉改成低脂肪的鸡胸肉，息肉的复发率就能降低21%。

　　哈佛大学发表的一项自20世纪90年代即追踪两千多名少女的研究，则显示了从青春期就选择食用鸡肉为主的饮食习惯，可以降低20%结肠癌和50%直肠癌的罹患风险。研究人员认为，鸡肉相较其他肉类更能降低肠癌罹患风险，或许跟鸡肉脂肪含量较低有关，因为高脂饮食会减少肠道的有益菌、增加有害菌。

　　这样看来，不就是鸡儿所展现出来的具体"仁"德吗？

 加油站

　　关于每天吃鸡蛋可预防心血管疾病的较新研究有两篇：

　　（1）2016年美国营养学会综合分析了1992—2015年间的相关论文，结果显示，每天吃一颗鸡蛋，能将中风的风险平均降低约12%，其中男性下降15%，女性则下降了8%。

　　（2）2018年北京大学公共卫生学院一项规模庞大的研究指出，每天吃一颗鸡蛋者，心血管疾病死亡风险降低了18%，出血性中风的风险则降低了26%，因而致死的风险降低了28%。

可乐也可不乐

很多人大概都听过类似这样的建言，"可乐还是少喝吧！里面含有磷酸，喝多了会骨质疏松"。

医学则告诉我们，若身体内磷元素含量比钙高的话，那么副甲状腺就会促使骨钙释出，以便降低血中的磷。所以从理论上来说，经常喝可乐是有风险的。

• 含糖与无糖苏打水大不同

2014年，哈佛大学杨虎等人在《美国临床营养学期刊》上发表了一篇有关女性摄入含糖苏打水（包括可乐和其他含糖碳酸饮料）与类风湿性关节炎风险的论文，他们研究追踪了79570名注册护士，在综合分析后发现两者有很强的相关性，尤其是五十五岁以上的人，而无糖的苏打水就没有增加罹患类风湿性关节炎的危险。

2017年，《自然》杂志子刊《细胞发现》（*Cell Discovery*）在线上刊登了一则更有系统的可乐与自体免疫性疾病关系研究——这是暨南大学教授尹芝南带领的团队所撰写的论文。

自体免疫性脑脊髓炎是一种神经脱髓鞘的动物疾病，乃医学上模拟人类多发性硬化症最常用的实验模型。尹芝南团队即选择老鼠自体免疫性脑脊髓炎的模型，来研究不同可乐对自体免疫性疾病的影响。

• 高糖可乐破坏菌相，促进病情

尹芝南团队的研究发现：

（1）长期大量饮用无咖啡因的高糖可乐，会调升老鼠肠腔内腺嘌呤核苷三磷酸的含量，进而活化促使发炎的辅助型T细胞17（Th17细胞），令病情加重。

（2）如果实验老鼠摄入含有咖啡因的高糖可乐，由于咖啡因会阻挡Th17细胞进入大脑中枢神经系统，故并不会影响老鼠原来的病情。

（3）高糖可乐饮料明显改变了老鼠肠道细菌的结构组成，若将它们的粪便菌移植到本身肠道细菌已遭清除的老鼠体内，竟也会加速疾病的发生。

（4）肠道细菌被清除的老鼠，其自体免疫性脑脊髓炎发病的程度显著减弱，显示可乐对疾病的促进必须要依赖肠道细菌的存在。

夏日炎炎难耐，来杯冰镇可乐，入口舒畅凉爽，确实非常享受。只不过看看科学证据，碳酸饮料还是少喝为妙！

▎隔日断食

断食自古以来就是一个话题，不过现代的人谈断食，重点并非在排毒，而是在减重！这几年来吸引全球普罗大众眼光的断食瘦身方式，大概就是所谓的"隔日断食（Every-other-day fasting）"了。

•断食日不是禁食

隔日断食是由美国伊利诺伊大学芝加哥分校（University of Illinois at Chicago）的营养学家克丽丝塔·瓦拉迪（Krista Varady）大力倡导的，属于渐获科学界认可的间歇性断食（Intermittent Fasting），因较易执行，依从率高，其方法就是解禁日的饮食不必有任何顾忌，而在断食日想吃什么也没关系，不过断食日摄入的热量必须控制在500～600千卡（即2093～2512千焦）内就是了。

隔日断食为何能够瘦身？美国国家卫生院发表在《细胞》杂志子刊《细胞代谢》（*Cell Metabolism*）上的一篇报告，或许已给出了答案。此篇论文是来自湖南师范大学研究团队的杰作。

•隔日断食的养生之道

他们首先从老鼠的研究中证实，隔日断食的养生之道是可选择性刺激白色脂肪组织内的淡棕色脂肪形成，明显改善肥胖、胰岛素阻抗和脂肪肝。

其次，研究人员发现，隔日断食能促使老鼠的肠道菌群构成改变、制造短链脂肪酸的细菌增加，淡棕色脂肪细胞中的单羧基转运蛋白-1（Monocarboxylate transporter-1）也显著增加——这种蛋白质家族负责短链脂肪酸等单羧基类化合物的跨膜输送，功能包括了促进营养物质吸收与影响代谢动态平衡等。

•肠道细菌是关键推手

研究人员在最后的试验结果中获悉，若将老鼠的肠道细菌清除，那它们就会抵抗隔日断食诱导的白色脂肪棕色化；但在把曾经隔日断食改变的老鼠肠道细菌移植到前者后，脂肪的棕色化再度被启动，同时也改善了老鼠的代谢平衡。

由此研究可见，肠道细菌与新陈代谢疾病的关联性，又再次获得有力的验证。

 加油站

2016年，美国国家卫生老年研究所（National Institute on Aging）的神经科学专家马克·马森（Mark Mattson）试验发现，间歇性限制饮食摄入的热量，譬如隔日断食，不仅能使体重减轻，还会启动神经元中的细胞压力反应通道，有助于提升脑力、防止痴呆，延缓衰老。

马克·马森任教于美国约翰斯·霍普金斯大学（The Johns Hopkins University），在神经科学领域享有盛誉，是位积极提倡间歇性断食的先驱，并公认是这方面的首席权威。

▌溜溜球效应

这十几年来，美国圣路易斯华盛顿大学的杰弗里·戈登（Jeffery Gordon）和费德里克·巴克汉（Fredrik Backhed）等学者，对肠道细菌与体重关系的不懈研究，让世人了解到环肥燕瘦是由肠道细菌所主导的。迄今全球与这个主题有关的论文不下两百篇，其中较近一份探讨减肥反弹的报告，颇值得大家留意。

• 高脂和低脂饮食的循环

为什么减肥瘦身总是进一步而退两步，容易产生溜溜球效应？以色列著名的魏茨曼科学院（Weizmann Institute of Science）从研究中发现，高脂和低脂饮食的循环会改变老鼠肠道菌群的平衡，导致体重更容易增加。研究人员首先喂给老鼠高脂饮食，使它们变得过度肥胖，再给予其中部分老鼠正常的饮食，使之回复到原来的体态。

如此循环喂养多次后，他们算出了那些恢复到最初体重的老鼠，在每回的饮食循环中，纯增长的重量多于一直保持高脂饮食的老鼠。那么是什么导致了多余的增重呢？研究人员发现，可能与一种和肠道细菌相互作用的化合物——类黄酮素有关，因为类黄酮素会影响脂肪的分解和储存。

• 剪断溜溜球的线

他们观察到，也许是高脂饮食中缺乏类黄酮素，或者是肠道菌群结构的改变，过度肥胖的老鼠无法善加利用类黄酮素，而且在它们回归正常饮食并减轻体重之后，类黄酮素与肠道细菌之间的互动关系还是没有恢复——这就意味着，瘦身后的肠道菌群依然跟肥胖时是一样失调的。不过，当研究人员采用类黄酮素膳食补充剂后，就完全修补了这个缺失，并消除了体重的过度反弹，因为类黄酮素是种益菌因子，可以增殖肠道有益菌、促进菌群平衡，有利于减肥瘦身。

这项研究可说为我们在减肥后如何维持健康的体重，提供了一条关键的线索！

 加油站

2016年《自然》杂志刊登的一项美国耶鲁大学与丹麦哥本哈根大学合作的研究指出，对比摄取正常饮食的啮齿类动物，食用高脂饮食的啮齿类动物的肠道细菌会多产生醋酸（学名乙酸）；这种短链脂肪酸可启动副交感神经系统，促进胰岛素和胃饥饿素的分泌，提振食欲进而导致肥胖，以及相关的代谢紊乱。

为何吃醋能开胃？这篇论文使"知其然"的大众亦"知其所以然"。不过，高脂饮食竟如同膳食纤维那般，也会促进肠道细菌制造短链脂肪酸，这倒是与向来的"肠"识迥异，看来我们对肠道细菌的了解还是非常有局限的！

5

微生态调节制剂

寡糖

▌吃菌得小心

我向来不赞成将益生菌（Probiotics）当成保健食品来吃。我们补充益生菌的最佳时机，应该是在腹泻或者服用抗生素以后，以及照射X光片和断层扫描之前与之后。

有份澳大利亚新南威尔士大学（The University of New South Wales）发表在英国《分子精神病学》（*Molecular Psychiatry*）杂志上的报告，就要大家使用益生菌时必须谨慎行事！

• 谁需要补充益生菌？

研究人员预先让老鼠接触低剂量或高剂量的常用益生菌制剂两周，然后把它们的饮食从健康食物改变为垃圾食物（富含饱和脂肪与糖分），共持续了二十五天，接着再根据饮食和益生菌剂量，将老鼠分成六组来做比较研究。结果明确显示：

（1）益生菌能改变摄取垃圾食物老鼠的肠道菌群组成，增加如链球菌、乳酸杆菌和丁酸弧菌等益生细菌丰度，同时还可防止老鼠丧失空间记忆。

（2）益生菌对于摄取健康均衡饮食的老鼠效果很差，几乎不影响其肠道细菌的多样性，甚至会损及老鼠的脑力，导致对一些相关事物的识别记忆障碍。

该校的药理学首席教授玛格丽特·莫利斯（Margaret Morris）认为，

如果你的饮食真的是糟糕透顶，或许食用益生菌会有帮助；不过若你一直是在吃健康食物，那吃它可能就没好处了。她说："尽管这个研究是针对老鼠的，我想其带出的主要信息就是：我们推荐人家摄取益生菌时需要格外小心。"

• 乱补反而会出事

另有项研究发表在《临床与转化肠胃病学》（*Clinical and Translational Gastroenterology*）期刊上，美国佐治亚州奥古斯塔大学（Augusta University）也发现，在摄食以双歧杆菌和嗜热链球菌为主的益生菌后，或会发生小肠细菌过度生长的症状，进而导致右旋型乳酸（D-Lactic acid）中毒，造成胀气、腹痛和脑雾（Brain fog）——人体只会制造左旋型乳酸（L-Lactic acid），右旋型乳酸则是肠道细菌产生的，前者能自然降解而后者却不行，故浓度高时极易引起代谢紊乱和酸中毒。

 加油站

《细胞》期刊曾同时登出两篇以色列魏茨曼科学研究所与台拉维夫医学中心合作的最新相关论文，研究团队认为，吃菌未必没有风险，他们的总结是这样的：

（1）健康人摄取益生菌大都会排掉，并不至于撼动肠道固有的细菌组合。

（2）益生菌无法一体适用，必须因人而异、为个别细菌量身定制才有效。

（3）益生菌会刺激免疫反应和分泌不明的因子，抑制固有的肠道细菌生长。

（4）益生菌会延迟抗生素服后肠道固有细菌的重建，反而有害健康。

微生态调节剂

微生态调节剂依出现先后，可分成四种："益生菌（Probiotics）""益生元（Prebiotics）""合生元（Synbiotics）"以及"后生元（Postbiotics）"。

• 益生菌

"益生菌"就中文字面来说，当然是有益生命的细菌之意，如今大家朗朗上口，变成了普通名词也很正常。其实"益生菌"原本的定义系指：一类含有生理性活菌，在摄入后能改善宿主肠道微生态平衡的微生物制剂。

• 益生元

"益生元"是不被人体消化系统消化和吸收，能够选择性地被宿主肠道内的一种或几种益生菌发酵利用，从而促进这些益生菌生长繁殖的物质。当初所指的就是功能性寡糖，不过现在其含义修改了，还包括了多糖类。

• 合生元

"合生元"专指一类由有益菌和寡糖所组成的混合制剂，能够增加外服菌在体内的活性，同时促进肠道固有有益菌的生长。在海峡对岸，很多父母对"合生元"很熟悉，因为商场中有个畅销的法国品牌就叫这个名字。

• 后生元

由于市场多年来的广告带动，人们大都知道上述三种微生态调节剂，但对这几年来受到国际瞩目和积极研发的"后生元"，就比较陌生了。

"后生元"指的是有益细菌产生的代谢物和其细胞裂解后的物质，在经过去芜存菁后制得的调节剂。这些产物包括了酵素、肽类、磷壁酸、胞壁肽聚糖、多糖、细胞表面蛋白质和短链脂肪酸等。

后生元在促进好菌增殖、调整肠道生态、改善宿主健康等方面，效应如同益生菌，不过服用益生菌稍带有风险，后生元就没有这层顾虑。所以有朝一日，益生菌可能会走出历史，它的市场或将被后生元取代。

• 更正确的制剂

早年就有学者拿培养乳酸菌后的液体培养基上清液——"培养乏液（Spent culture）"，即培养乳酸菌后存留在器皿上的液体——来做试验，结果发现它居然是一种能促使有益菌生长的营养源！显然这种培养乏液就是后生元制剂的滥觞了。

后生元的概念是很正确的，因为肠道细菌对宿主的影响并非来自细菌本身，而是它们所分泌和代谢的化学物质。后生元与上述三类制剂最大的区别，就在于无须通过肠道菌群，即可直接作用于机体。

对这种微生态调节剂的美好前景，我可是抱有期待的。

后生元制剂

　　我曾有篇谈论后生元制剂的文章，其中"后生元"标示的英文是Biogenics。有细心的学生在互联网上看了《微生态调节剂》一文后询问：为何同样含义的"后生元"，这次英文用的却是Postbiotics？其实我将两者都译成"后生元"，自觉并无不妥，前者乃是"后生元"正统的原文，后者虽然直译就是"细菌的副产品（The by-products of bacteria）"，不过这些年也被当作一个专有名称来看待了。

• 日本的领先研究

　　后生元的概念是由日本国际知名学者光冈知足所提出，他在20世纪90年代就发现，肠道有益菌，即便是灭活细胞或其代谢产物，只要数量达到一定程度，亦可与活细胞同样促进好菌的生长。

　　Biogenics这个词的定义就是：源自好菌所制造、能改变肠道菌相，对宿主健康有益的生理活性物质。这些物质包括益生菌菌体成分（Paraprobiotics）与其代谢产物（Postbiotics），二者统称为"后生元"。

　　日本在后生元的研发上，居于国际领先地位，他们通常就称之为"乳酸菌生成物"，并已发表不少研究报告。研究证实，它能促进好菌大量增殖、有效改善肠道环境，活化和调节免疫细胞。

• 法国著名的商品

至于法国品牌"Lacteol"，则是肠胃科医师熟悉的后生元制剂。该产品内含灭活的嗜酸乳杆菌（*Lactobacillus acidophilus*）菌体及其代谢产物如乳酸杀菌素等，主治儿童和成人急性、慢性腹泻，效果理想。

今天医界之所以看好后生元未来的发展，除了因其具备益生菌制剂的功能外，主要也是后生元的分子很小，可以透过肠道黏膜上的M细胞（Microfold cell）直接进入体内、发挥作用，这样不是要比劳驾有益菌出手帮忙来得更快吗？

日本著名的医师新谷弘实等人联合执笔的《病気にならない肠もみ健康法》，对"后生元"的效应多有着墨，值得参阅。

酵素之我见

在教学时，我常被问到有关酵素的话题。其实以酵素冠名的营养食品，国外于20世纪90年代就很流行了。

酵素就是"酶"，在化学史上，前者的名称比后者还出现得早些，至今有些国家像是德国和日本等，都还在沿用呢！

• 酶有秩序地运作

酶是一种蛋白质，在生物体内的复杂生化反应中扮演着催化剂的角色，没有酶，机体的新陈代谢将失去动力，生命现象也就无从产生。因为证明酶可被结晶化而获得1946年诺贝尔化学奖的詹姆斯·萨姆纳（James B. Sumner），即将生命定义为"酶有秩序地运作"。

由于酶具有高度专一性，就像一把钥匙只能开启一副锁那样，我们体内细胞合成的酶少说也有数千种，它们各司其职，共同维持着复杂人体机能的正常运转。

不过，我并不认同在人的一生当中，体内酶产量固定的假说，因为人体维系生命不可或缺的另一部分——肠道细菌——也会产生难以计算的酶！肠道细菌能使宿主健康或生病的秘密亦在这里。

• 人工制造酵素

体内酶会因暴饮暴食、毒素累积、身心压力等因素过度消耗，更会随着年龄增加逐渐减少，而身体这部机器少了它们又动弹不得，于是只要酶供不应求，健康自然亮起了红灯，因此有时从体外补充酶有其必要。

世人并无法合成生物体自身制造的酶，当下的"酵素"产品堪称传统发酵食物的现代版，因为它就如同传统发酵食物的做法一样，都得倚重微生物的催化反应，只是所利用的微生物和其作用底物，比较多样化罢了。

我认为，人工制造的酶就好比"培养乏液"——即乳酸菌培养后存留器皿上的液体——应可视作微生态制剂里的"后生元"一类，能改善机体、有益健康。

当然，酵素产品中含有核酸、氨基酸、多肽、蛋白酶、抗氧化酶、辅酶（维生素、矿物质）等多种成分的，酶的活性会更强，效果也会更好。

▌一夜好眠

2017年，瑞士《行为神经科学前线》（*Frontiers in Behavioral Neuroscience*）期刊上有篇美国科罗拉多大学波尔得（Boulder）分校对益生元的研究，表明了作为一种膳食补充剂，益生元透过增殖益生菌，影响大脑的运作，调控睡眠／觉醒周期，有助于缓解压力、改善睡眠。

·睡得好的关键

研究人员借由脑波图检查等方法，观察并比较了喂予标准饮食和含有益生元食物的两组老鼠，发现摄取益生元的老鼠，非快速动眼睡眠（慢波睡眠）的持续时间更长，而它们处在压力源下也表现出更长的快速动眼睡眠（快波睡眠）时间，体温波动亦保持正常。

我们知道，非快速动眼睡眠是指睡觉时，大脑的活动下降到最低、身体完全处在休息和恢复期。快速动眼睡眠则被认为是促进压力恢复的关键，压力则会破坏肠道菌群的平衡。

不过，研究团队只是证明、并未解释补充益生元可以睡得好的缘由。

·补充寡糖吧！

我曾在其他作品中介绍过肠道细菌与睡眠的关系，曾提到双歧杆菌在个中扮演的角色。这种肠道有益菌最喜爱的食物，就是最具代表性的益生元——寡糖了！

为何说肠道中像双歧杆菌这类益菌多了，就容易好睡呢？我认为至少有三个原因：

一是它们能够制造B族维生素，安定神经系统；

二是它们可帮忙产生五羟色胺（即血清素），放松紧张心情；

三是它们会控制细胞因子（Cytokine）的生成，因像白细胞介素和α-肿瘤坏死因子等，都有诱发睡眠的作用。

人的一生有三分之一的时间都在睡觉，充足的睡眠对健康太重要了，若你一直有失眠的困扰，今后不妨就尝试从调整肠道细菌着手改善吧！

 加油站

英国萨里大学（University of Surrey）发表在《美国国家科学院院刊》上的研究指出，每天睡眠时数若少于六小时，将使身体逾七百个基因活动失调，有些则显得更活跃、制造更多蛋白质，改变体内化学成分，进而严重影响健康。瑞典乌普萨拉大学（Uppsala University）刊登于德国《分子代谢》期刊中的一篇临床报告则指出，睡眠时间缩短会改变肠道细菌种类的丰度，可导致代谢综合征。研究人员就发现睡眠缺乏时，身体对胰岛素作用的敏感度降低了逾20%。

寡糖对身体的好处

我常说寡糖是一种生态营养素，因为它可以增殖肠道的有益细菌、抑制有害细菌滋生，维护肠道生态平衡，进而促进宿主的健康。

如今与寡糖结缘逾二十年，也接触过无数的食用者，我想应该有资格来说说它对身体的好处了吧！

• 对治诸多疾病

我们要知道，寡糖主要是通过肠道细菌来施展它的拳脚的，不仅是能"润肠通便"而已，这种肠道细菌专属的食物还具有两大明显效应：

一为帮助消化和吸收，无论是吃不下抑或吃撑了都能搞定；

二为提升免疫力、抵抗病原体，能减少感冒等流行病上身。

长期以来，我见过很多摄取寡糖后，病痛减轻好转，健康因而大为改善的个案，也曾收到医师的感谢短信，惊叹寡糖救了命悬旦夕的住院病人。我可不是夸夸其谈，寡糖的的确确对以下疾病颇有裨益：

（1）服用抗生素或感染性的腹泻。

（2）鼻炎等过敏症。

（3）关节炎。

（4）痤疮。

（5）胃酸反流。

（6）胃炎。

（7）糖尿病。

（8）痔疮。

（9）口臭。

• 专家的提醒

没错，也有少部分人说吃了寡糖之后没看到效果，或者吃上一段时间就不灵光了，为什么？这可要从四个方面来看：

一是若大便不再恶臭，气味变淡、颜色趋黄，就表示寡糖已在发挥效用；

二是个人饮食习惯并未配合调整，于是抵消了寡糖原来就有的效力；

三是食用的时间不够长，抑或用量不足，故一下子感觉不出效果；

四是肠道菌受到驯化，分解力增强，其用量没随耐受量提升而增加。

其实寡糖的可惜处，就在于无法定下"放诸四海皆准"的使用量！因为就像指纹一样，每个人肠道菌群的组合与比例千差万别，再加上对寡糖的最大耐受量（即最大无作用量）亦不尽相同，每天摄取多少有效会因人而异，因此最好是自己能够找出临界用量。我的建议是吃了后不觉肚胀或者轻微腹泻，那无妨就多用些吧！

寡糖可以健脾益气、扶正固本，护你健康。但是它的摄取，贵在坚持、少安勿躁，通常只要三到六个月的时间，即可见真章！

若问寡糖的厂牌有多种、如何选择才好呢？我只能这样说：医师和营养师们在给病人使用的产品，品质就有保证，自可放心购买。